黎友源先生简介

黎友源，男，数学教授。1940年（庚辰）出生于江西省萍乡市荷尧镇一个贫苦农民家庭。1953年考入萍乡中学。1963年于江西大学（现名南昌大学）数学系本科毕业。大学毕业后，响应党和政府的号召，支援边疆内蒙古自治区，在呼

和浩特市第一师范学校（现呼和浩特职业学院）从事数学教学工作6年，任教导处副主任。1969年调回江西省萍乡市，在萍乡市安源中学教高中数学18年，加入中国共产党，任副校长（正科级）。后调入萍乡市教育局教学研究室，专门从事高中数学教学和高考备考研究、指导工作，被评审为中学高级教师（副教授级），任高中教研科科长、萍乡市中学数学教学研究会理事长、萍乡市数学学会副理事长、江西省中学数学教学研究会常务理事等职。由于黎友源教学教研成绩显著，先后被评为萍乡市优秀教师，萍乡市专业技术拔尖人才，江西省优秀教研员，国家科技成果完成者，荣获萍乡市科技进步奖一等奖。2000年退休。退休后，应邀在萍乡学院等学校兼职授课，继续从事教研科研科普工作。2014年11月晋升为教授。

黎友源自1982年开始，在北京《数学通报》、湖北《数学通讯》、江西《中学数学研究》、北京《生物学通报》、江西《萍乡学院学报》等国家级、省级学术专刊发表论文30余篇

（其中在国家核心期刊上发表论文6篇）。研究发表了一元高次不等式解集定理、三角形构成定理、异面直线所成角公式、异面直线间距离公式、三面角的棱面角计算公式（合作）、椭圆双曲线统一的焦半径公式6个新定理、新公式，运用数学思维方法破解了生物学中"萍实"千古谜，得到"萍实是巨型灵芝"的正确结论。黎友源撰写出版专著《中等数学实用定理选讲》（上海科学技术出版社）、《高考数学简明手册》（江西高校出版社）、《黎友源数学创新文集》（科学技术文献出版社）3本，主编《高中数学助学丛书》（天津古籍出版社）1套6册，计150余万字。

1994年，论文《一元高次不等式的公式解法》被国家科学技术委员会（现中华人民共和国科学技术部）审定为国家科学技术成果，黎友源荣获了国家科学技术委员会颁发的《国家科技成果完成者证书》，获得了一元高次不等式的公式解法的发现权，成为一元高次不等式的公式解法（一元高次不等式解集定理）的发现人和完成人。2013年，黎友源用数学推理法考证了"萍实是巨型灵芝"，成为破解"萍实"千古谜第一人。

这是1994年9月中华人民共和国国家科学技术委员会颁发给黎友源的《国家科技成果完成者证书》。

项目名称：一元高次不等式的公式解法。

完成者：黎友源（第1完成人）。

所属单位：萍乡市教学研究室。

国家登记号：930572。

This is a Certificate of National Scientific and Technological Achievements Completion, awarded to Li Youyuan by the Science and Technology Commission of the People's Republic of China in September 1994.

Project name: Formula solution method of higher-degree inequality of a real variable.

Achiever: Li Youyuan (the first achiever involved).

Work unit: Pingxiang Teaching Research Office.

National Registration No.: 930572.

黎友源数学创新文集

黎青萍　黎安萍　黎　敏　编

科学技术文献出版社
·北京·

图书在版编目（CIP）数据

黎友源数学创新文集/黎青萍，黎安萍，黎敏编. —北京：科学技术文献出版社，2016.8（2017.8重印）

ISBN 978-7-5189-1690-0

Ⅰ.①黎… Ⅱ.①黎… ②黎… ③黎… Ⅲ.①数学—文集 Ⅳ.① 01-53

中国版本图书馆 CIP 数据核字（2016）第 157197 号

黎友源数学创新文集

策划编辑：崔灵菲　责任编辑：王瑞瑞　责任校对：赵瑷　责任出版：张志平

出 版 者	科学技术文献出版社
地　　址	北京市复兴路 15 号　邮编 100038
编 务 部	（010）58882938，58882087（传真）
发 行 部	（010）58882868，58882874（传真）
邮 购 部	（010）58882873
官方网址	www.stdp.com.cn
发 行 者	科学技术文献出版社发行　全国各地新华书店经销
印 刷 者	北京教图印刷有限公司
版　　次	2016 年 8 月第 1 版　2017 年 8 月第 3 次印刷
开　　本	850×1168　1/32
字　　数	98 千
印　　张	3.625　彩插 4 面
书　　号	ISBN 978-7-5189-1690-0
定　　价	22.00 元

版权所有　违法必究

购买本社图书，凡字迹不清、缺页、倒页、脱页者，本社发行部负责调换人类总是不断发展的，自然界也总是不断发展的，永远不会停止在一个水平上。因此，人类总得不断地总结经验，有所发现，有所发明，有所创造，有所前进。

毛泽东

Human beings are always evolving and never stops at the same level. So is nature. Therefore, human beings have to constantly sum up, discover, invent, create and move forward.

Mao Zedong

攻 关

叶剑英

攻城不怕坚,攻书莫畏难。
科学有险阻,苦战能过关。

Assault

Ye Jianying

Don't be afraid of difficulties in an assault,
Don't be afraid of difficulties when you read.
You'll meet lots of obstacles in science,
Only by working hard can you make it.

序　一

　　数学是自然科学的基础。培养数学思维是素质教育的重要内容。黎友源先生和我曾经同在江西大学数学系学习，他勤奋努力，不畏艰难，勇于创新。大学毕业后，黎友源先生响应党的号召，服从国家需要，支援边疆，支援革命老区，从事基层数学教学和研究工作几十年，成果丰硕。《黎友源数学创新文集》收集了他的研究成果，包括数学理论和数学应用，值得阅读。

　　论文《一元高次不等式的公式解法》，利用集合代数处理高次不等式的解，使得解集简洁，解题快捷，便于应用；同时，其解法可用几何意义加以解释，直观，易于被学生接受，是对中学数学教材和教学的一个重大突破；是一项国家科技成果。

　　可贵的是，黎友源先生退休后，应用数学方法研究萍乡市的一个千古遗谜——"萍实"是何生物，发现且考证了"萍实"是武功山巨型灵芝，破解了"萍实"千古谜。

黎友源先生的创新成果和探索精神值得学习和尊敬。

是为序。

欧阳崇珍

2016年6月6日于南昌大学

（欧阳崇珍先生系南昌大学数学教授、数学系系主任、数学研究所所长，中国数学会理事，江西省数学会理事长，终身享受国务院特殊津贴专家。）

序　二

大学老同学黎友源的儿女们为其父亲收集整理出版《黎友源数学创新文集》，邀我写个序言。我没有教过中学，无法体会教中学生的艰辛，但通读全书之后，为老同学的付出感到由衷钦佩。

我们是在1959—1963年这特殊年代读的江西大学。面对3年自然灾害，我们的老师们却极其认真地将我们这些青年学子引入了数学的殿堂。系主任孙泽瀛教授不仅为我们讲授了几何学中的爱尔兰根纲领，而且为我们设置了刚刚兴起的运筹学专门化。我们的老师后来出任江西大学校长的戴执中教授，则为我们开设了最新的代数拓扑学课程。我们这些同学后来能为国家做出些许贡献，都要感谢恩师们的敬业精神。

黎友源在"文化大革命"之后不久，结合中学教学实践，就写出了《一元高次不等式的公式解法》等好文章。正如国家科委评审鉴定结论所说："该项成果经过观察、实验、探索，完整地揭示了一元高次不等式解集的结构规律，第一次论证了一元高次不等式解集结构定理，其研究方法结合了集合代数、逻辑符号等，简洁严谨，并成功地运用了退化区间$(a, a) = \phi$，突破了$f(x) = 0$有实重根的情况，填补了代数学中的一项空白。它找到了高次不等式与同次对应方程解集之间的内在联系，揭示了一元高次方程根的个数定理、虚根成对定理与一元高次不等式解集定理的本质关系，具有较高的理论价值与实用价值。"这充分说明恩师们的努力没有白费，恩师们的敬业精神在我们这一代人中得以传承。只要这种敬业精神代代相传，就能在不久的将来实现中国梦，寄希望于我们的学生和后人。黎友源的儿女们为其父亲收集整理出版《黎友源数学创新文集》，就是一种传承。

　　是为序。以此与老同学共勉，安度晚年，共享太平盛世。

史定华

2016 年 5 月 18 日于上海

（史定华先生系上海大学数学教授、博士生导师。）

目 录

第一部分 数学创新成果

黎友源创建的几个数学定理公式 …………………… 3
一元高次不等式的公式解法 ………………………… 5
《一元高次不等式的公式解法》研究报告 …………… 13
 附1 国家科委对《一元高次不等式的公式解法》
   评审鉴定 ……………………………………… 18
 附2 数学专家对《一元高次不等式的公式解法》
   评审意见 ……………………………………… 21
 附3 一元高次不等式解集定理及其应用 ………… 25
 附4 寻找"金钥匙"的人 ………………………… 34
 附5 为明天节约时间的人 ………………………… 38
三角形构成定理及其应用 …………………………… 41
三角形构成定理的发现 ……………………………… 46
异面直线所成角和距离的公式解法 ………………… 48
椭圆双曲线统一的焦半径公式 ……………………… 56
椭圆双曲线同形焦半径公式的探索、证明和应用 …… 57
三面角的棱面角的计算公式 ………………………… 63
三面角的二面角和棱面角的计算及应用 …………… 65
 附6 四面体的一个体积公式 ……………………… 73

第二部分　数学创新应用

试论"萍实"是武功山巨型灵芝 …………………… 79
"萍实"是巨型灵芝的考证 …………………… 85
如何用数学思想方法破解"萍实"千古谜 …………… 89
破解"萍实"千古谜 …………………………… 96
话说"萍实"是何物 …………………………… 97
　附7　"萍实"千古谜成因分析 ……………… 99
科学研究之路 ………………………………… 105
　附8　信念·人生·成就 ……………………… 106

第一部分 数学创新成果

科学的力量在于无数的事实中,而科学的目的在于概括这些事实,并把它们提高到原理的高度。

门捷列夫(俄罗斯)

Part 1　Mathematics Innovation Achievements

The power of science lies in countless facts, and the aim of science is to generalize these facts, and put them up to the height of the principle.

Mendeleev(Russia)

黎友源创建的几个数学定理公式

1. 一元高次不等式解集定理（黎氏定理）

在实数集 R 上，设一元 n 次不等式

$$f_n(x) = a_0 x^n + a_1 x^{n-1} + a_2 x^{n-2} + \cdots + a_{n-1}x + a_n > 0 (<0)$$

$(a_0 > 0, n \geq 3)$ 的解集为 $A^+(A^-)$，则

（1）当 $f_n(x) = 0$ 无实数根时，
$$A^+ = (-\infty, +\infty);$$
$$A^- = \phi。$$

（2）当 $f_n(x) = 0$ 有 k 个实数根 $x_1, x_2, \cdots, x_k (0 < k \leq n, x_{i+1} \leq x_i, 1 \leq i \leq k)$ 时，
$$A^+ = \cdots \cup (x_5, x_4) \cup (x_3, x_2) \cup (x_1, +\infty);$$
$$A^- = \cdots \cup (x_6, x_5) \cup (x_4, x_3) \cup (x_2, x_1)。$$

2. 三角形构成定理

如果三条线段，最长的线段的长小于其他两条线段的长度之和，那么，这三条线段能构成三角形。

3. 异面直线所成角的一个计算公式

在两条异面直线 l_1、l_2 上，点 $A、E \in l_1$，点 $B、F \in l_2$，$\angle AEF = \alpha$，$\angle BFE = \beta$，二面角 $A-EF-B$ 为 θ，异面直线 l_1 和 l_2 所成的角为 φ，则
$$\varphi = \arccos|\sin\alpha\sin\beta\cos\theta - \cos\alpha\cos\beta|。$$

4. 异面直线间的距离的一个计算公式

在两条异面直线 l_1、l_2 上，点 $A、E \in l_1$，点 $B、F \in l_2$，

AB 是直线 l_1、l_2 的公垂线，$|EF| = m$，$\angle AEF = \alpha$，$\angle BFE = \beta$，二面角 $A-EF-B$ 为 θ，异面直线 l_1 和 l_2 间的距离为 d，则

$$d = \frac{m\sin\alpha\sin\beta\sin\theta}{\sqrt{1-(\sin\alpha\sin\beta\cos\theta - \cos\alpha\cos\beta)^2}}。$$

5. 椭圆双曲线同形的焦半径公式

椭圆 $\frac{x^2}{a^2} + \frac{y^2}{b^2} = 1\left(双曲线\frac{x^2}{a^2} - \frac{y^2}{b^2} = 1\right)$ 上一点 $P(x_0, y_0)$ 与焦点 F 的距离 $|PF|$，叫作椭圆（双曲线）的焦半径，又 $F_1(-c, 0)$、$F_2(c, 0)$，则它们的焦半径公式为

$$|PF_i| = |a - (-1)^i e x_0| \quad (i = 1, 2)。$$

6. 三面角的棱面角的计算公式（合作）

在三面角 $S - A_1 B_1 C_1$ 中，三个面角 $\angle C_1 SB_1 = \alpha$，$\angle A_1 SC_1 = \beta$，$\angle A_1 SB_1 = \gamma$，且棱 SA_1 和平面 $C_1 SB_1$ 所成棱面角为 θ_1，棱 SB_1 和平面 $A_1 SC_1$ 所成棱面角为 θ_2，棱 SC_1 和平面 $A_1 SB_1$ 所成棱面角为 θ_3，则

$$\cos\theta_1 = \frac{\sqrt{\cos^2\beta + \cos^2\gamma - 2\cos\alpha\cos\beta\cos\gamma}}{\sin\alpha};$$

$$\cos\theta_2 = \frac{\sqrt{\cos^2\gamma + \cos^2\alpha - 2\cos\alpha\cos\beta\cos\gamma}}{\sin\beta};$$

$$\cos\theta_3 = \frac{\sqrt{\cos^2\alpha + \cos^2\beta - 2\cos\alpha\cos\beta\cos\gamma}}{\sin\gamma}。$$

一元高次不等式的公式解法

黎友源

（江西省萍乡市安源中学）

摘 要：在初等代数中，有二次函数、二次方程与二次不等式，并且它们是相互密切联系的。在高等代数中，有高次多项式与高次方程的理论，但没有高次不等式的理论。我们证明一个一元高次不等式的解集定理，并且提出它的公式解法。我们的结果填补了这一理论的空白。

关键词：一元高次不等式；一元高次不等式解集定理；一元高次不等式的公式解法

Formula Solution Method of Higher-degree Inequality of a Real Variable

Li Youyuan

(Anyuan High School, Pingxiang, Jiangxi Province)

Abstract: In elementary algebra, there are quadratic functions, quadratic equations and quadratic inequalities, and they are tightly linked to each other. In higher algebra, there is the theory of higher-degree polynomial and higher-degree equation, but no the theory of higher-degree inequality. We prove a theorem of solution set of higher-degree inequalities with a variable and present its formula solution method. Our result fills up the theory blank.

Key words: higher-degree inequality with a variable, solution set, formula solution method

本文试提出一个定理，为一元高次不等式提供一个公式解法。

（一）

【引理】在实数集 R 上，设一元二次不等式 $f(x) = ax^2 + bx + c > 0 (<0)$ $(a>0)$ 的解集为 $A^+(A^-)$，则：

(1) $A^+ = (-\infty, +\infty)$，$A^- = \phi$ 的充要条件是方程 $f(x) = 0$ 无实数根；

(2) $A^+ = (-\infty, x_2) \cup (x_1, +\infty)$，$A^- = (x_2, x_1)$ 的充要条件是 x_1, x_2 是方程 $f(x) = 0$ 的两个实数根（其中 $x_2 \leq x_1$）。

证明：（1）若 $f(x) = ax^2 + bx + c = 0$ $(a>0)$ 无实数根，则

$\Delta = b^2 - 4ac < 0$,

$\therefore f(x) = a\left(x - \dfrac{b}{2a}\right)^2 - \dfrac{b^2 - 4ac}{4a} > 0, (x \in R)$,

$\therefore A^+ = (-\infty, +\infty), A^- = \phi$。

以上每步可逆，反推亦对。

(2) 若 x_1, x_2 为 $f(x) = ax^2 + bx + c = 0$ $(a>0)$ 的两个实数根（其中 $x_2 \leq x_1$），则

$f(x) = a(x - x_1)(x - x_2)$。

当 $x \in (x_1, +\infty)$ 时, $x - x_1 > 0$, $x - x_2 > 0$, $\therefore f(x) > 0$;

当 $x \in (-\infty, x_2)$ 时, $x - x_1 < 0$, $x - x_2 < 0$, $\therefore f(x) > 0$;

即当 $x \in (-\infty, x_2) \cup (x_1, +\infty)$ 时, $f(x) > 0$。

当 $x_2 < x_1$ 时, 若 $x \in (x_2, x_1)$, $x - x_1 < 0$, $x - x_2 > 0$,

$\therefore f(x) < 0$;

当 $x_2 = x_1$ 时, $(x_2, x_1) = \phi$。

$\therefore A^+ = (-\infty, x_2) \cup (x_1, +\infty)$, $A^- = (x_2, x_1)$。

反之, 若 $A^+ = (-\infty, x_2) \cup (x_1, +\infty)$, $A^- = (x_2, x_1)$, 则

$f(x_1) = 0$, $f(x_2) = 0$,

即 x_1, x_2 为 $f(x) = 0$ 的根。

【定理】 在实数集 R 上, 设一元 n 次不等式

$f_n(x) = a_0 x^n + a_1 x^{n-1} + a_2 x^{n-2} + \cdots + a_{n-1} x + a_n > 0 (<0)$

($a_0 > 0$, $n \geq 3$) 的解集为 $A^+ (A^-)$, 则

(1) 当 $f_n(x) = 0$ 无实数根时,

$$A^+ = (-\infty, +\infty);$$
$$A^- = \phi。$$

(2) 当 $f_n(x) = 0$ 有 k 个实数根 $x_1, x_2, \cdots, x_k (0 < k \leq n, x_{i+1} \leq x_i, 1 \leq i \leq k)$ 时,

$$A^+ = \cdots \cup (x_5, x_4) \cup (x_3, x_2) \cup (x_1, +\infty);$$
$$A^- = \cdots \cup (x_6, x_5) \cup (x_4, x_3) \cup (x_2, x_1)。$$

证明: (1) 当 $f_n(x) = 0$ 无实数根时,

由实系数多项式虚根成对出现定理, 不难推得 n 必为偶数, 且 $f_n(x)$ 可分解为 $\frac{n}{2}$ 个无实数根的二次因式, 即

$f_n(x) = a_0 (x^2 + b_1 x + c_1)(x^2 + b_2 x + c_2) \cdots (x^2 + b_{\frac{n}{2}} x + c_{\frac{n}{2}})$。

当 $f_n(x) < 0$ 时，总有一个二次因式小于 0，不妨设 $x^2 + b_1 x + c_1 < 0$，由引理知，$x^2 + b_1 x + c_1 < 0$ 的解集 $A_1^- = \phi$，

而 $A^- \subseteq A_1^-$，$A^+ \cup A^- = R$，

∴ $A^- = \phi$，$A^+ = (-\infty, +\infty)$。

(2) ∵ $f_n(x) = 0$ 有 k 个实数根 $x_1, x_2, \cdots, x_k (0 < k \leq n$，$x_{i+1} \leq x_i, 1 \leq i \leq k)$ 时，

$$f_n(x) = a_0 \prod_{i=1}^{k} (x - x_i) \prod_{r=1}^{\frac{n-k}{2}} (x^2 + p_r x + q_r),$$

其中，$a_0 > 0$，$x^2 + p_r x + q_r$ 均无实数根。

由引理可知，当 $x \in (-\infty, +\infty)$ 时，$\prod_{r=1}^{\frac{n-k}{2}} (x^2 + p_r x + q_r) > 0$。

记 $x_{k+1} = -\infty$，$x_0 = +\infty$，那么

若 $x_i < x_{i-1}$，则 $(x_i, x_{i-1}) \neq \phi$，$i = 1, 2, \cdots, k, k+1$。

当 $x \in (x_i, x_{i-1})$ 时，有 $x - x_1 < 0$，$x - x_2 < 0$，$\cdots$，$x - x_{i-1} < 0$，而 $x - x_i > 0$，$x - x_{i+1} > 0$，$\cdots$，$x - x_k > 0$。

当 i 为奇数时，$f_n(x) > 0$，即 $(x_i, x_{i-1}) \subseteq A^+$；

当 i 为偶数时，$f_n(x) < 0$，即 $(x_i, x_{i-1}) \subseteq A^-$。

若 $x_i = x_{i-1}$，则 $(x_i, x_{i-1}) = \phi$，$i = 1, 2, \cdots, k, k+1$。

令 $M^+ = \cdots \cup (x_5, x_4) \cup (x_3, x_2) \cup (x_1, +\infty)$，

$M^- = \cdots \cup (x_6, x_5) \cup (x_4, x_3) \cup (x_2, x_1)$，

则 $M^+ \subseteq A^+$，$M^- \subseteq A^-$，

又 ∵ $A^+ \cup A^- = M^+ \cup M^-$，$A^+ \cap A^- = \phi$，$M^+ \cap M^- = \phi$，

∴ $A^+ = M^+$，$A^- = M^-$。 （证毕）

【推论】 在实数集 R 上，设一元 n 次不等式

$$f_n(x) = a_0 x^n + a_1 x^{n-1} + a_2 x^{n-2} + \cdots + a_{n-1} x + a_n \geq 0 (\leq 0)$$

($a_0 > 0$, $n \geqslant 3$) 的解集为 B^+(B^-)，则

(1) 当 $f_n(x) = 0$ 无实数根时，
$$B^+ = (-\infty, +\infty);$$
$$B^- = \phi。$$

(2) 当 $f_n(x) = 0$ 有 k 个实数根 x_1, x_2, $\cdots$, x_k ($0 < k \leqslant n$, $x_{i+1} \leqslant x_i$, $1 \leqslant i \leqslant k$) 时，
$$B^+ = \cdots \cup [x_5, x_4] \cup [x_3, x_2] \cup [x_1, +\infty);$$
$$B^- = \cdots \cup [x_6, x_5] \cup [x_4, x_3] \cup [x_2, x_1]。$$

证明： 设 $f_n(x) = 0$ 的解集为 A^0（其中 $i \neq j$ 时，x_i，x_j 为不同元素），

则 $B^+ = A^+ \cup A^0$，$B^- = A^- \cup A^0$。

∴ 推论成立。

（二）

依据定理可以迅速地求解一元高次不等式（组）。

例1 解不等式 $x^4 - x^3 + 2x^2 - x + 1 > 0$。

解：（无实数根情况）

原不等式变形为：$(x^2 + 1)(x^2 - x + 1) > 0$，

∵ $(x^2 + 1)(x^2 - x + 1) = 0$ 无实数根，

由定理得：$A^+ = (-\infty, +\infty)$。

例2 解不等式 $(x+3)(x+1)(x-1)(x-2)(x-4)(x-7) > 0$。

解：（有不相等实数根情况）

∵ 其实数根为：-3，-1，1，2，4，7，

由定理得：$A^+ = (-\infty, -3) \cup (-1, 1) \cup (2, 4) \cup (7, +\infty)$。

例3 解不等式①$(x+1)(x^2+4x+4)(x^3-3x^2+3x-1)<0$，

②$(3x+4)^{21}(x+1)^{42}(x-1)^{97}(2x-3)^{4n}<0$。

解：（有重实数根情况）

①∵ 其实数根为：-2，-2，-1，1，1，1，

由定理得：$A^- = (-2,-2) \cup (-1,1) \cup (1,1)$

$\qquad\qquad = \phi \cup (-1,1) \cup \phi = (-1,1)$。

②当重根次数较高时，可先把"奇次实重根简记为一个实根，偶次实重根简记为两个实根"，然后再套公式，能使运算更简捷，结果亦正确。

把不等式②对应方程的实根简记为：

$$-\frac{4}{3}, \quad -1, \quad -1, \quad 1, \quad 1.5, \quad 1.5。$$

∴ $A^- = \left(-\dfrac{4}{3}, -1\right) \cup (-1,1) \cup (1.5, 1.5)$

$\qquad = \left(-\dfrac{4}{3}, -1\right) \cup (-1,1) \cup \phi$

$\qquad = \left(-\dfrac{4}{3}, -1\right) \cup (-1,1)$。

例4 解不等式 $(x+3)(x^2-1)(x^3-1)(x^4-1)(x^5-2)>0$。

解：（既有实数根，又有虚根情况）

由定理知：只需注意实根。

其实根为：-3，-1，-1，1，1，1，$\sqrt[5]{2}$，

∴ $A^+ = (-3,-1) \cup (-1,1) \cup (1,1) \cup (\sqrt[5]{2}, +\infty)$

$\qquad = (-3,-1) \cup (-1,1) \cup \phi \cup (\sqrt[5]{2}, +\infty)$

$\qquad = (-3,-1) \cup (-1,1) \cup (\sqrt[5]{2}, +\infty)$。

例5 解不等式组

$$\begin{cases} x(x+2)\left(x^2+x-\dfrac{1}{n}\right)<0 \\ x^4-x^2+\dfrac{1}{9n^2}\leqslant 0 \end{cases} \quad (n\geqslant 2)。$$

解：（先分别求出各不等式的解集，再求出各解集之交，即得不等式组的解集）

由定理知：只需注意实根。

$\because x(x+2)\left(x^2+x-\dfrac{1}{n}\right)=0$ 的实根为：

$$-2,\ -\dfrac{1}{2}-\sqrt{\dfrac{1}{4}+\dfrac{1}{n}},\ 0,\ -\dfrac{1}{2}+\sqrt{\dfrac{1}{4}+\dfrac{1}{n}}。$$

$\therefore x(x+2)\left(x^2+x-\dfrac{1}{n}\right)<0$ 的解集为：

$$A^{-}=\left(-2,\ -\dfrac{1}{2}-\sqrt{\dfrac{1}{4}+\dfrac{1}{n}}\right)\cup\left(0,\ -\dfrac{1}{2}+\sqrt{\dfrac{1}{4}+\dfrac{1}{n}}\right)。$$

又 $\because x^4-x^2+\dfrac{1}{9n^2}=0$ 的实根为：

$$-\sqrt{\dfrac{1}{2}+\sqrt{\dfrac{1}{4}-\dfrac{1}{9n^2}}},\ -\sqrt{\dfrac{1}{2}-\sqrt{\dfrac{1}{4}-\dfrac{1}{9n^2}}},$$

$$\sqrt{\dfrac{1}{2}-\sqrt{\dfrac{1}{4}-\dfrac{1}{9n^2}}},\ \sqrt{\dfrac{1}{2}+\sqrt{\dfrac{1}{4}-\dfrac{1}{9n^2}}}\ ;$$

$\therefore x^4-x^2+\dfrac{1}{9n^2}\leqslant 0$ 的解集为：

$$B^{-}=\left[-\sqrt{\dfrac{1}{2}+\sqrt{\dfrac{1}{4}-\dfrac{1}{9n^2}}},\ -\sqrt{\dfrac{1}{2}-\sqrt{\dfrac{1}{4}-\dfrac{1}{9n^2}}}\right]\cup$$

$$\left[\sqrt{\dfrac{1}{2}-\sqrt{\dfrac{1}{4}-\dfrac{1}{9n^2}}},\ \sqrt{\dfrac{1}{2}+\sqrt{\dfrac{1}{4}-\dfrac{1}{9n^2}}}\right]。$$

∴ 不等式组的解集为：

$$A^- \cap B^- = \left[\sqrt{\frac{1}{2} - \sqrt{\frac{1}{4} - \frac{1}{9n^2}}}, \; -\frac{1}{2} + \sqrt{\frac{1}{4} + \frac{1}{n}}\right)。$$

（载于湖北《数学通讯》，1982年第5期。《数学通讯》系国家教育部主管，华中师范大学等主办，全国初等/中等教育类核心期刊。论文《一元高次不等式的公式解法》被国家科委评审为国家科学技术成果，荣获萍乡市科学技术进步奖一等奖。）

《一元高次不等式的公式解法》研究报告

萍乡市教学研究室　黎友源

一、研究过程

1978年秋,我在安源中学给高中毕业班上数学复习课时,发现学生解一元三次不等式的能力很差,我做了重新讲解,经检查仍有不少学生出错。原因在何处呢?经过分析,我认为主要是传统的不等式解法太烦琐所致。有没有更简捷的解法呢?我赶到图书馆查阅资料,没有找到。于是,我开始探索、实验,先把《代数习题集》中的高次不等式一个一个地解出来,然后,把解一个一个勾画在数轴上,观察、观察、再观察,奥秘终于被发现了!原来不等式的解集区间都是一个间一个地排列在数轴上,而每个区间的端点恰好都是对应方程的根!根据这一发现,我提出了《一元高次不等式的相间区间解法》,即先求出对应方程的根,并把它们标在数轴上,再根据区间相间的规律,把所有适应不等式的区间一挑,不等式的解就出来了。我请老师们鉴别,请学生们试用,大家都说:"又快又准,不繁不难。"为了让全国的同学们都掌握这种解法,在高考评卷时评审员认可这种解法,就得把这种解法公开发表。要公开发表,仅有解法本身是不够的,还要有严格的理论证明。

我开始寻求解法的证明。首先我试图用函数图像来证明,结果只能算作它的几何解释。我考虑,既然前人没有解决这个问题,继续沿前人的路走一定会失败,必须另开辟蹊径。我找来了《集合论》,经过仔细琢磨、艰辛创作,终于用集合论的观点、符号和理论,写出并证明了一元高次不等式的解集公式和定理。经多方征求意见,多次修改,于1981年8月定稿。

1982年5月,全国著名的国内外公开发行的中等数学专刊《数学通讯》发表了我写的《一元高次不等式的公式解法》一文。1983年,该文被萍乡市科协评审为优秀科技论文。

二、主要内容和创新点

《一元高次不等式的公式解法》一文深刻地揭示了一元高次不等式的解集结构规律,第一次明确地给出了一元高次不等式解集结构定理。即

【定理】 在实数集R上,设一元n次不等式
$f_n(x) = a_0 x^n + a_1 x^{n-1} + a_2 x^{n-2} + \cdots + a_{n-1} x + a_n > 0 (<0)$
($a_0 > 0$,$n \geqslant 3$)的解集为$A^+(A^-)$,则

(1) 当$f_n(x) = 0$无实数根时,
$$A^+ = (-\infty, +\infty);$$
$$A^- = \phi。$$

(2) 当$f_n(x) = 0$有k个实数根$x_1, x_2, \cdots, x_k (0 < k \leqslant n$,$x_{i+1} \leqslant x_i$,$1 \leqslant i \leqslant k)$时,
$$A^+ = \cdots \cup (x_5, x_4) \cup (x_3, x_2) \cup (x_1, +\infty);$$
$$A^- = \cdots \cup (x_6, x_5) \cup (x_4, x_3) \cup (x_2, x_1)。$$

其次,对引理和定理给出了严格的证明。

接着,对4种情况举例说明定理的应用(4种情况是:

①无实数根情况；②全为互不相等实数根情况；③有实重根情况；④既有实根又有虚根情况）。

本文的创新点如下。

1. 完整地揭示了一元高次不等式的解集结构规律，第一次明确给出了一元高次不等式的解集结构定理，把解集公式化。

2. 首次引进集合代数（特别是区间代数）的理论、符号，写出了明确的一元高次不等式解集公式，严格证明了引理和定理，做到了代数问题表为代数公式，运用纯代数方法证明，达到了抽象、严谨的要求。

3. 成功地运用了退化区间 $(a, a) = \phi$，突破了 $f(x) = 0$ 有实重根的情况。即首先注意到 x_{i+1}、x_i 是不同的根（不同的元素），找出规律后，再考虑 x_{i+1}、x_i 的值均为 a，运用退化区间 $(a, a) = \phi$ 进行计算。

三、科学意义及作用

本文提出的一元高次不等式的解集定理填补了代数学的一个空白点。从理论上给出了一元高次不等式的解集公式，从而为人类提供了一个统一的、简捷的一元高次不等式的公式解法。同时，使一元高次方程和一元高次不等式的理论趋于协调，使实系数一元高次方程根的个数定理、韦达定理、虚根成对定理及一元高次不等式的解集定理等成为一个有机的整体。

在生产斗争和科学实验中，有大量的问题都会归结为解不等式（组）的问题，而不等式（组）的问题又往往归结为一元高次不等式的问题。因而，本文提供的一元高次不等式的公式解法必将为大量实际问题的解决节时省力，还为《集合代数》找到一个应用实例。

本文所提出的公式可直接用于数学教学,能减轻学生的学习负担,能节约课时,提高智力。

在人类历史的长河中,一元高次不等式的解集定理的价值是无限的。

四、与国内外同类研究比较

本文的研究结果和方法均优于国内外同类研究结果。

例如,1963 年苏联 A. W. 布劳赫和 T. C. 涅维叶洛夫发表的《用合取、析取解不等式》,译文刊《数学通报》,1963(11)。人们评论为不理想。

1979 年我国贵州蒋廷瑜发表的《序轴法》[载于《中学理科教学》,1979(4)],是当时国内外发表的最优秀的结果。但他的定理只适用于"全是互不等实根情况",且未引进区间代数,未找到对应方程的根与高次不等式的解集的普遍的内在联系(规律),更没有写出确切的解集公式。

其他一些文章所提及的大都属于几何直观法。

本文提出的公式解法(也可称区间法)优于其他解法,可以说是一元高次不等式的理想而完善的解法。

五、国内外反映和推广使用情况

1.《一元高次不等式的公式解法》公开发表后,全国的中学均在不同程度地推广使用。我在市级、省级数学年会、研讨会也做了介绍。我市不少数学教师用了后,说:"你的解法真灵,很简便。"抚州地区饶德铭老师说:"解一元高次不等式，用你的方法最简捷。"目前，全国大多数中等数学公开刊物，涉及解不等式时，均用本文的方法和表达式。

2. 一元高次不等式的公式解法已收编入黄贤汶教授和肖应昆教授主编的由上海社会科学院出版社出版的《高中数学纵横》一书中，1989年9月第一版全国发行2万余册。

3. 《一元高次不等式的公式解法》于1982年5月向国内外公开发表后，1986年苏联在修订中学数学教学大纲时，增加了"要求学生了解不等式的区间解法"的内容。其说明资料反映，他们采用的一元高次不等式的表达式和解集表达形式及解法，完全和本文相同（其说明采用几何直观法）［参见甘肃《数学教学研究》，1988（1），译文《用区间法解有理不等式》］。

4. 本文已接受国内外公开考验9年，无人提出异议。

（载于《安源教育文集》一书，1992年11月版。）

附1　国家科委对《一元高次不等式的公式解法》评审鉴定

一元高次不等式的公式解法

登　记　号　　930572
完成单位及主要人员　萍乡市教学研究室　黎友源
工　作　起　止　时　间　1978年11月—1981年8月
推　荐　部　门　江西省科委

该项成果经过观察、实验、探索，完整地揭示了一元高次不等式解集的结构规律，第一次论证了一元高次不等式解集的结构定理，其研究方法结合了集合代数、逻辑符号等，简洁严谨，并成功地运用了退化区间 $(a, a) = \phi$，突破了 $f(x) = 0$ 有实重根的情况，填补了代数学中的一项空白。它找到了高次不等式与同次对应方程解集之间的内在联系，揭示了一元高次方程根的个数定理、虚根成对定理与一元高次不等式解集定理的本质关系，具有较高的理论价值与实用价值。

（载于中华人民共和国国家科学技术委员会《科学技术研究成果公报》，1994年第1期。）

The State Science and Technology Commission's Appraisal of 《Formula Solution Method of Higher-degree Inequality of a Real Variable》

Formula Solution Method of Higher-degree Inequality of a Real Variable

Registration No.: 930572

Complete unit and key personnel: Teaching Research Laboratory in Pingxiang, Jiangxi Province, Li Youyuan

Starting and ending times for work: November, 1978—August, 1981

Recommend Department: Jiangxi Provincial Department of Science and Technology

Through observation, experiment and exploration, the research result fully reveals the structure of solution set of higher-degree inequality of a real variable. By using the theory of set algebra and logic symbols, the author first proves structure theorem of solution set higher-degree inequality of a real variable. Meanwhile, exploiting the degenerate interval $(a, a) = \phi$, the author successfully solves the problem of the equation $f(x) = 0$ having multiple roots. The result fills a blank in algebra, and finds the inner link between solution sets of higher-degree inequality of a real variable and solution sets of the corresponding equation, and reveals the essential relationship between the theorem of solution set of higher-degree inequality of a real variable and the theorem of the corresponding higher-degree equation having number of roots and pairing imaginary roots. The research result has higher theoretical value and practical value.

(Published: Science and Technology Committee of the People's Republic of China *Science and Technology Research Bulletin*, 1994, the first issue.)

附2 数学专家对《一元高次不等式的公式解法》评审意见

赵慈庚教授的评审意见

黎友源同志利用集合代数处理高次不等式的解，必然会使得解集简洁，解题快捷。

（赵慈庚教授是北京师范大学数学教授。）

王仲才教授的评审意见

黎友源同志发表在《数学通讯》上的研究论文《一元高次不等式的公式解法》，给出了一元高次不等式的解集的明确公式，为一元高次不等式提供了一个统一的、简捷的公式解法，同时揭示了一元高次方程根的个数定理、韦达定理、虚根成对定理与一元高次不等式解集定理的本质关系（它的几何意义很鲜明）。所得结果在这一课题研究中处于领先地位。鉴于一元高次不等式在代数学中的重要地位和深刻的实践背景，该文结果在理论和实践上都有重要意义，是代数学研究中的一篇优秀论文。

（王仲才教授是江西大学校长、数学教授，江西省教育委员会副主任。）

陈炳辉教授的评审意见

黎友源同志在教学实践中发现、研究得出的一元高次不等式的解集定理是正确的,其结构简洁严谨,是一项创新的数学成果。

(陈炳辉同志是江西大学数学系系主任,数学教授。)

黄贤汶教授的评审意见

1. 本项研究有创新点,如把不等式解集公式化。
2. 本项研究在数学教育上有所突破,使解题省时省力。
3. 本项研究比通行的几何直观法较先进,它找到了高次不等式与同次对应方程解集之间的内在联系。

(黄贤汶同志是江西师范大学数学教授,江西省中学数学研究会理事长。)

张运筹教授的评审意见

利用多项式$f(x)=0$的根序直接写出$f(x)>0$的解集,有许多人发表了许多文章,但未曾提到出现重根的情况。黎友源同志巧妙地重复退化区间$(a,a)=\phi$的次数,使$f(x)=0$出现重根时,照样可以用根序法直接写出$f(x)>0$的解集。这一发现很有实际意义。

(张运筹同志是湖南师范大学数学教授,《微微对偶不等式及应用》一书的作者。)

汪士元副教授的评审意见

本文给出了一元高次不等式解集的表达式,即以其实根为端点的一些开区间之并集,特别是创造性地运用"退化区间$(a, a) = \phi$"解决了在重根情况下的上述问题,其结果至少是国内领先的。本文采用的研究方法结合了集合代数、逻辑符号等,其构思巧妙、简捷严谨,得出的结果也是相当整齐的,在应用上具有较高的实用性。

(汪士元同志是广州教育学院数学系副教授。)

张浪平副教授的评审意见

黎友源同志在一元二次不等式的基础上,有创见地提出了"一元高次不等式的公式解法"的定理,从而填补了中等代数学中的一个空白点,使得解一元高次不等式过程变得非常简捷。这是很有理论价值和实际意义的。

(张浪平同志是江西教育学院数学系副教授。)

黎开鹏副教授的评审意见

黎友源同志的《一元高次不等式的公式解法》一文,优于同一问题的其他研究成果,具有创新、理论和应用价值。我在数学专业《初等数学复习与研究》教学中将引进此项成果。

(黎开鹏同志是萍乡教育学院数学科科主任,副教授。)

叶述生副教授的评审意见

《一元高次不等式的公式解法》一文,提出了一元高次不等式的解集定理,填补了中等代数学的一个空白点,从理论上给出了一元高次不等式的解集公式,在应用上提出了一个统一且简捷的公式解法,具有理论和应用价值。

(叶述生同志是萍乡教育学院数学副教授,院办公室主任。)

易汉洲高级教师的评审意见

黎友源同志利用多项式 $f(x)=0$ 的根序直接写出 $f(x)>0$ 的解集,其公式解法能直接应用于中学数学教学。简便明了,易于被学生所接受,同时其解法可用几何意义加以解释,直观,便于应用,对中学数学教材的教学是一个重大突破。

(易汉洲同志是萍乡市安源中学校长,中学数学高级教师。)

附3　一元高次不等式解集定理及其应用

李　勇[1]，黎　敏[2]

(1. 萍乡市工业学校，江西　萍乡　337000；
2. 萍乡市教师培训中心，江西　萍乡　337000)

摘　要：黎友源于1982年创建了一元高次不等式解集定理，填补了中等代数学中的一项空白，是1978—2000年全国研究数学不等式的七项国家科技成果之一。一元高次不等式解集定理和一元高次不等式的公式解法，为改进高等师范院校代数学不等式教学和高级中学数学不等式教学提供了很好的理论和方法。

关键词：不等式；高次不等式解集定理；高次不等式的公式解法

中图分类号：O15　　　**文献标志码**：A
文章编号：1671-380X(2011)12-0000-03

Theorem of Solution Set of Higher-degree Inequality of a Real Variable and Its Applications

Li Yong[1], Li Min[2]

(1. Pingxiang Industrial School, Pingxiang,

Jiangxi Province, 337000;
2. Pingxiang Teachers Training Center, Pingxiang, Jiangxi Province, 337000)

Abstract: Li Youyuan established a theorem of solution set of higher-degree inequality of a real variable and presents its formula solution method in 1982. The research result fills a blank in algebra and it is one of seven national scientific and technological achievements of study of mathematical inequality from 1978 to 2000. The theorem and its formula solution method provide a good theory and method for the teaching of inequalities in colleges and high schools.

Key words: higher-degree inequality of a real variable, solution set, formula solution method

黎友源先生（江西萍乡人）于1982年创建了一元高次不等式解集定理，该定理是论文《一元高次不等式的公式解法》的核心。论文《一元高次不等式的公式解法》被国家科学技术委员会审定为国家科技成果，是中国知网公布的1978—2000年全国研究数学不等式的七项国家科技成果之一，是一项重要的数学发现。[1-3]

国家科学技术委员会给成果《一元高次不等式的公式解法》的鉴定结论是：该项成果经过观察、实验、探索，完整地揭示了一元高次不等式解集的结构规律，第一次论证了一元高次不等式解集结构定理，其研究方法结合了集合代数、逻辑符号等，简洁严谨，并成功地运用了退化区间 $(a, a) = \phi$，突破了对应方程 $f(x) = 0$ 有实重根的情况，填补了代数学中的一项空白。它找到了高次不等式与同次对应方程解集之间的内在联系，揭示了一元高次方程根的个数定理、虚根成对定理与一元高次不等式解集定理的本质关系，具有较高的理论价值与实用价值。[3]

1 一元高次不等式解集定理及注释

一元高次不等式解集定理（黎氏定理）如下。

在实数集 R 上，设一元 n 次不等式
$$f_n(x) = a_0 x^n + a_1 x^{n-1} + a_2 x^{n-2} + \cdots + a_{n-1} x + a_n > 0 (<0)$$
$(a_0 > 0, n \geqslant 3)$ 的解集为 $A^+(A^-)$，则

（1）当 $f_n(x) = 0$ 无实数根时，
$$A^+ = (-\infty, +\infty);$$
$$A^- = \phi_\circ$$

（2）当 $f_n(x) = 0$ 有 k 个实数根 $x_1, x_2, \cdots, x_k (0 < k \leqslant n, x_{i+1} \leqslant x_i, 1 \leqslant i \leqslant k)$ 时，
$$A^+ = \cdots \cup (x_5, x_4) \cup (x_3, x_2) \cup (x_1, +\infty);$$
$$A^- = \cdots \cup (x_6, x_5) \cup (x_4, x_3) \cup (x_2, x_1)_\circ{}^{[1,2,4]}$$

注：1）一元高次不等式解集定理，首先，它是一元高次不等式解集存在性定理，并给出了明确的解集公式（两类四结果）；其次，它为解一元高次不等式提供了一个统一的简捷解法。

2）一元高次不等式解集定理对一元高次不等式的所有情况均成立，均有效。即对一元高次不等式 $f_n(x) > 0 (<0)$ $(a_0 > 0)$ 有：

①当 $f_n(x) = 0$ 无实数根时，$A^+ = (-\infty, +\infty)$，$A^- = \phi$；

②当 $f_n(x) = 0$ 有 k 个实数根 $x_1, x_2, \cdots, x_k (0 < k \leqslant n, x_{i+1} \leqslant x_i, 1 \leqslant i \leqslant k)$ 时，

∵ $0 < k \leqslant n$ 等价于 $0 < k = n$ 或 $0 < k < n$，而 $x_{i+1} \leqslant x_i$ 等价

于 $x_{i+1} < x_i$ 或 $x_{i+1} = x_i$,它们交叉组合成下面 4 种情况:

a. $f_n(x) = 0$ 有 n 个实数根且无重实根情况,即
$x_n < x_{n-1} < \cdots < x_2 < x_1$;

b. $f_n(x) = 0$ 有 n 个实数根且有重实根情况,即
$x_n \leqslant x_{n-1} \leqslant \cdots \leqslant x_2 \leqslant x_1$;

c. $f_n(x) = 0$ 有少于 n 个实数根且无重实根情况,即
$x_k < x_{k-1} < \cdots < x_2 < x_1$ $(0 < k < n)$;

d. $f_n(x) = 0$ 有少于 n 个实数根且有重实根情况,即
$x_k \leqslant x_{k-1} \leqslant \cdots \leqslant x_2 \leqslant x_1$ $(0 < k < n)$。

无论上面哪种情况,只要 $a_0 > 0$,其解集均为
$$A^+ = \cdots \cup (x_5, x_4) \cup (x_3, x_2) \cup (x_1, +\infty),$$
$$A^- = \cdots \cup (x_6, x_5) \cup (x_4, x_3) \cup (x_2, x_1)。$$

特别提示:方程 $f_n(x) = 0$ 有重实根时,有几个重实根就算几个实根,不能随便少算或丢根,否则会出错。

3) 一元高次不等式解集直观图(序轴图)

当一元高次不等式对应的方程
$$f_n(x) = a_0 x^n + a_1 x^{n-1} + a_2 x^{n-2} + \cdots + a_{n-1} x + a_n = 0$$
有 k 个实数根 $x_1, x_2, \cdots, x_k$ $(0 < k \leqslant n, x_{i+1} \leqslant x_i, 1 \leqslant i \leqslant k)$ 时,x 轴被这 k 个实数根切割成 $k+1$ 个区间(包含退化区间)。当 $a_0 > 0$ 时,x 轴右边第一区间带 + 号,第二区间带 - 号,然后 +,-,+,-,$\cdots$,连续向左排下去。此时,一元高次不等式 $f_n(x) > 0$ 的解集 A^+ 为所有带 + 号的区间的并集。一元高次不等式 $f_n(x) < 0$ 的解集 A^- 为所有带 - 号的区间的并集(图 1)。

若不等式对应方程 $f_n(x) = 0$ 无实数根(x 轴无切割情况),当 $a_0 > 0$ 时,则整个 x 轴带 + 号。此时,一元高次不等式 $f_n(x) > 0$ 的解集 A^+ 为 R;$f_n(x) < 0$ 的解集 A^- 为空集(图 2)。

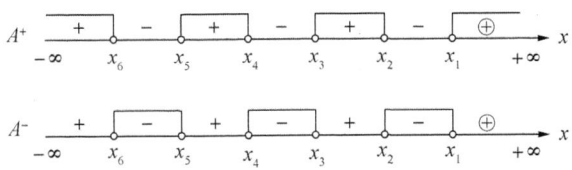

图1 一元高次不等式解集直观图

图2 一元高次不等式解集直观图

2 一元高次不等式解集定理的应用

依据一元高次不等式解集定理，直接套用定理中的公式，解一元高次不等式的方法，称作一元高次不等式的公式解法。利用一元高次不等式解集定理中的解集直观图（序轴图）解一元高次不等式的方法，称作一元高次不等式的广义序轴标根法。

一元高次不等式的公式解法的步骤是：

（1）将题设不等式化为等价的标准不等式，即使 $a_0 > 0$；

（2）根据 $a_0 > 0$，$f_n(x) > 0 (<0)$，以及 $f_n(x) = 0$ 有无实数根（3个条件），由一元高次不等式解集定理，确定不等式的解集模式（四选一）；

（3）求出不等式对应方程的所有实数根，并排好大小顺序（左小，右大）；

（4）根据（2）所确定的解集模式写出不等式的解集。

对于不等式对应方程有实重根和有虚数根时，无须另行处理，依然直接按一元高次不等式公式解法的步骤进行即可。

例 1 解不等式 $(x+1)(x^2+4x+4)(x^3-3x^2+3x-1)<0$。

解：∵ $a_0=1>0$, $f_n(x)=f_6(x)<0$, $f_6(x)=0$ 有实数根，由定理知，该不等式的解集是

$A^- = \cdots \cup (x_6,x_5) \cup (x_4,x_3) \cup (x_2,x_1)$ 模式。

又该不等式对应方程

$f_6(x)=(x+1)(x+2)^2(x-1)^3=0$ 有 6 个实数根（有实重根），

依次为：-2, -2, -1, 1, 1, 1。

∴ $A^- = (-2,-2) \cup (-1,1) \cup (1,1)$

$= \phi \cup (-1,1) \cup \phi = (-1,1)$。

例 2 解不等式 $(x+3)(x^3+1)(x^4-16)>0$。

解：∵ $a_0=1>0$, $f_n(x)=f_8(x)>0$, $f_8(x)=0$ 有实数根，由定理知，该不等式的解集是

$A^+ = \cdots \cup (x_5,x_4) \cup (x_3,x_2) \cup (x_1,+\infty)$ 模式。

又该不等式对应方程

$f_8(x) = (x+3)(x^3+1)(x^4-16)$

$= (x+3)(x+1)(x^2-x+1)(x+2)(x-2)(x^2+4) = 0$

只有 4 个实数根（另有 4 个虚数根，舍去），依次为：-3, -2, -1, 2。

∴ $A^+ = (-\infty,-3) \cup (-2,-1) \cup (2,+\infty)$。

例 3 解不等式 $(x+1)(x^4-1)(x^3-1)>0$。

解：∵ $a_0=1>0$, $f_n(x)=f_8(x)>0$, $f_8(x)=0$ 有实数根，由定理知，该不等式解集的直观图模式为：

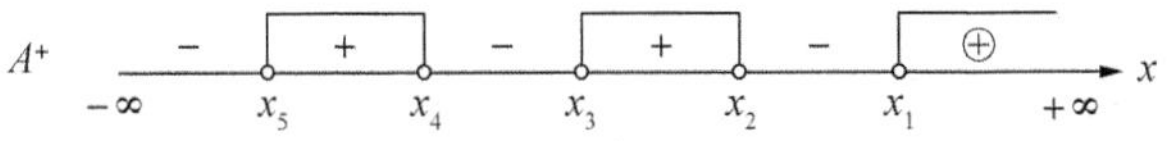

A^+ ──∞── $-$ ─[$+$]─ $-$ ─[$+$]─ $-$ ─[$\oplus$]── $+\infty$
　　　　　x_5　x_4　x_3　x_2　x_1

图3　一元高次不等式解集直观图

又该不等式对应方程
$$f_8(x) = (x+1)(x^4-1)(x^3-1)$$
$$= (x+1)^2(x-1)^2(x^2+1)(x^2+x+1) = 0$$
只有 4 个实数根,依次为:-1,-1,1,1。

∴ 该不等式的解集可图示为:

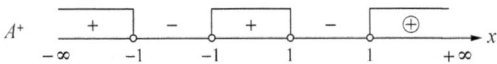

图4　一元高次不等式广义序轴标根法

∴ $A^+ = (-\infty, -1) \cup (-1, 1) \cup (1, +\infty)$。

依据一元高次不等式解集定理,可以规范快速地求解一元高次不等式后,分式不等式、含有绝对值的不等式和连环不等式,即刻获得了新的升幂解法。即

(1) $\dfrac{f(x)}{g(x)} > 0 \Leftrightarrow f(x)g(x) > 0$; $\dfrac{f(x)}{g(x)} < 0 \Leftrightarrow f(x)g(x) < 0$。

$\dfrac{f(x)}{g(x)} \geqslant 0 \Leftrightarrow \begin{cases} f(x)g(x) \geqslant 0 \\ g(x) \neq 0 \end{cases}$; $\dfrac{f(x)}{g(x)} \leqslant 0 \Leftrightarrow \begin{cases} f(x)g(x) \leqslant 0 \\ g(x) \neq 0 \end{cases}$。

(2) $|f(x)| > |g(x)| \Leftrightarrow [f(x)]^2 > [g(x)]^2$。

(3) $a < f(x) < b \Leftrightarrow [f(x)-a][f(x)-b] < 0$。

例 4　不等式 $\dfrac{x-1}{x^2-4} > 0$ 的解集为?

解:∵ $\dfrac{x-1}{x^2-4} > 0 \Leftrightarrow (x-1)(x^2-4) > 0$

$\Leftrightarrow (x+2)(x-1)(x-2) > 0$,

其对应方程的实数根依次为：$\overline{-2}$，1，$\overline{2}$。

∴ 原不等式的解集为：$(-2, 1) \cup (2, +\infty)$。

例 5 不等式 $x^2 - |x| < 0$ 的解集为？

解：$x^2 - |x| < 0 \Leftrightarrow x^2 < |x| \Leftrightarrow x^4 < x^2$

$\Leftrightarrow (x+1)x^2(x-1) < 0$,

其对应方程的实数根依次为：-1，0，0，1。

∴ 原不等式的解集为：$(-1, 0) \cup (0, 1)$。

例 6 若 $a > 0$，$b > 0$，不等式 $-b < \dfrac{1}{x} < a$ 的解集为？

解：$-b < \dfrac{1}{x} < a \Leftrightarrow \left(\dfrac{1}{x} + b\right)\left(\dfrac{1}{x} - a\right) < 0$

$\Leftrightarrow \dfrac{(ax-1)(bx+1)}{x^2} > 0 \Leftrightarrow (ax-1)(bx+1)x^2 > 0$,

其对应方程的实数根依次为：$-\dfrac{1}{b}$，0，0，$\dfrac{1}{a}$。

∴ 原不等式的解集为：

$\left(-\infty, -\dfrac{1}{b}\right) \cup (0, 0) \cup \left(\dfrac{1}{a}, +\infty\right) = \left(-\infty, -\dfrac{1}{b}\right) \cup \left(\dfrac{1}{a}, +\infty\right)$。

依据一元高次不等式解集定理，得出的一元高次不等式的公式解法，有明确的解题步骤，有固定的解集区间，"…，-，+，-，⊕" 符号模式，精确而简洁的解集公式，是一元高次不等式最快捷、最完善的解法。

参 考 文 献

[1] 黎友源. 一元高次不等式的公式解法 [J]. 数学通讯, 1982 (5): 9-11.

[2] 黎友源. 可求实根的一元高次不等式的公式解法 [J]. 宜春师专学

报，1982（5）：11-13.

[3] 中华人民共和国国家科学技术委员会. 一元高次不等式的公式解法[Z]. 科学技术研究成果公报，1994（1）：91-92.

[4] 黎友源. 一元高次不等式的公式解法［M］//黎友源. 中等数学实用定理选讲. 上海：上海科学技术出版社，1997：1-9.

[5] 严士健，王尚志. 不等式［M］//严士健，王尚志. 普通高中课程标准实验教科书（数学）. 北京：北京师范大学出版社，2006：93.

（载于《宜春学院学报》，2011年第33卷12期。）

附4 寻找"金钥匙"的人

本报记者 吴好声

在人类历史的长河中,一个定理、一个公式的价值往往是无法估量的。萍乡市教研室黎友源老师发明的一个公式,又一次折射出智慧之光。黎老师,人们都说您是——寻找"金钥匙"的人。

A Person Looking for the " Golden Key "

Reporter Wu Haosheng

In the long history of mankind, the value of a theorem or a formula is immeasurable. Li Youyuan, from the Teaching Research Office in Pingxiang, Jiangxi Province, invented a new formula, which once again reflects the light of wisdom. People say that teacher Li is a person looking for the "golden key".

在人类历史的长河中,一个定理、一个公式的价值往往是无法估量的。萍乡市教研室黎友源老师发明的一个公式,又一次折射出智慧之光。黎老师,人们都说您是——寻找"金钥匙"的人。

黎友源老师,早就想采访您了,因为有人说,您是萍乡的

"陈景润"。您在中等数学的不等式中,研究解决了一个"哥德巴赫猜想"。对此,您连连摆手,一再声明,只是一名普通的老师。

您的确很普通,朴素的衣,冰冷的手,清瘦的脸。但从您有神的目光中,可以窥见您的精神世界的富有和人生信念的坚定。您潜心研究出的那个解一元高次不等式的公式,发明的那个定理,犹如闪光之珍、瑰丽之宝,毫不比万贯金钱逊色。人生追求各有不同,国家科委授予您的那个红彤彤的《国家科技成果完成者证书》,蕴藏着您人生追求的深刻内涵。

熟悉您的人都知道,您钻研公式的时候,并不是高楼深院的专门研究者,而只是每天忙碌于教室中的一名普通园丁。"为学生解题少走弯路,就是为他们人生少走弯路。"这是您研究公式的初衷。因此,准确地说,您是一个在数学王国里寻找"金钥匙"的人。

是的,几十年来,您一直为学生寻觅解题"金钥匙"。在您的教学生涯中,有一次永远难忘的迷惑、尴尬。那是在安源中学任教,教学生解一元高次不等式时,您讲得口苦舌干,自认为教学感觉良好。可是一经测验,学生并没有搞清,成绩普遍不理想。您第一次对传统的高次不等式解法产生怀疑:"传统的高次不等式解法太繁。"能不能找到一种简便解法呢?您的双脚匆匆地迈向了市图书馆、兄弟学校图书室,均没有找到解一元高次不等式的捷径。作为一名执教多年的教师,不能为学生解其惑、释其难、寻之简,您直觉得脸上阵阵发烧。不禁自问,难道自己就不能想出一种好的解法来吗?于是,您翻开了有几千道题目的《代数习题集》,把书中所有一元高次不等式的题目,用传统解法解出来,并把答案画在数轴上。观察、观察、再观察,突然,您眼前一亮,发现了一元高次不等式解集的结构规律。用数学语言表述则是：一元高次不等式的解集区间是一个间一个地排列在数轴上，而每个区间的端点恰好都是不等式对应方程的根！根据这一发现，您提出了《一元高次不等式的相间区间解法》，即先求出对应方程的根，并把它们标在数轴上，再根据区间相间的规律，把所有适应不等式的区间一挑，不等式的解就出来了。学生们试用后都说："又快又准，不繁不难。"

巧妙的解法找到了，还需要对它进行理论证明，然而，要从理论上证明其正确性，并非易事。就像医生发现一味中草药能治好某种疾病一样，要从原理上说出个子丑寅卯，并非那么简单。您兴奋之余，开始研究它的理论证明，从此陷入了漫长、焦急的探索、求证中，可以说，采撷科学峰峦上的雪莲从这里进入了更加艰难的历程。科学是严格的，它要求无懈可击。首先，您试图用解析几何的方法证明，可是一元高次不等式属代数学范畴，用解析几何方法证明，只能算作它的一种几何解释；用因式分解法、列表法去证明，它们固然是代数的方法，但人们已经用了数百年却未见成效。要突破难题，必须另辟蹊径。终于，您的目光瞄准了现代数学理论中的集合论，而集合论您在大学里接触过，但没有系统学习过，为此您找来了《集合论》书，对这一理论进行了重新学习。思路对了，曙光就在前头。首先，您根据集合论的原理、方法、符号，将一元高次不等式的解集结构规律用定理的形式严格表达出来，使解集公式化。然后，着手对定理进行证明。您先用数学归纳法进行证明，冗长且啰唆，不符合数学论文应简洁的要求。只好弃之，从头再证。经过一次又一次的观察、实验、探索，记不清有多少次演算纸在桌边滑落，记不清多少次冷月临桌、苦雨敲窗。最后，终于采用集合重合法，简单明了地把定理证明出来了。专家们经过严格鉴定，一致认为：您第一次论证了一元高次不等式解集定理，完整地揭示了一元高次不等式解集结构规律，其研究方法结合了集合代数、逻辑符号等，构思巧妙，简洁严谨，填补了代数学的一项空白，具有较高的理论价值和实用价值。

您的这一项成果发表在全国著名的中等数学专刊《数学通讯》上，但自然科学研究成果要得到社会认可，需要一定时间的检验。为此，国家科委将这一成果在《中国科学技术成果公报》上公布。经过较长时间考验，您的这一成果终于得到国家科委的认可。这意味着中国数学的发明史册上，写上了黎友源的名字。

其实，科学研究就像欲捅破一张窗户纸。就您的成果而言，在未捅破之前，已有不知多少专家、学者在研究，而且研究了数百年。您的成功难道是人们忽视了吗？不！在科学研究的征程中从来没有平坦的道路可走，更多的时候是泥泞险阻，在科学研究中，需要有超常的智慧和超常的毅力，尤其是当今社会，需要有宁静的心境，不懈的追求。

现在，您的这一公式正在全国各地中学推广使用。它在数学中最大的优点是化繁为简，这不仅减轻了学生的学习负担，而且节约了宝贵的时间，有助于提高学生的智力。更令人欣喜的是，您在找到解一元高次不等式的"金钥匙"之后，又扑上了新目标——编写一本《中等数学新定理》，里面将装很多新的实用的数学"金钥匙。"

（载于《萍乡日报》，1996年8月3日版。荣获1996年度江西新闻奖一等奖。）

附5　为明天节约时间的人

——记"一元高次不等式的公式解法"发现人黎友源老师

解苏卫，李松江，黄立敏

在江西萍乡，有一位普通的老师，被誉为"为明天节约时间的人"，他就是萍乡市安源中学的黎友源老师。黎老师用十几年的心血浇灌出了中等数学的一朵瑰丽的奇葩——"一元高次不等式的公式解法"，被誉为"黎氏定理"。

黎老师自幼对数学有着浓厚的兴趣，还在读中学的时候，他就把自己的零花钱攒下来订阅《数学通讯》《数学通报》。高考的时候，他毫不犹豫地在志愿表上填上自己心爱的专业——数学。

大学毕业后，他拿起了教鞭，一心一意地扑在教学工作上。在为学生讲解一元高次不等式解法的时候，黎老师讲了一遍又一遍，讲得口干舌燥，学生们还是做不好。黎老师急了，这可怎么办？下课之后，他一直在琢磨这个问题：能否找到一种简便易行的解法呢？从此，黎老师走上了一条漫长而艰辛的探索之路。白天，他要上课，批改作业，只有等到晚上夜深人静时，才开始对新解法的探求工作。他抽空跑遍全市的图书馆，查阅了许多资料。明月伴他度过一个个不眠之夜，终于找到了一种全新的解法。为了验证这种解法是否可靠准确，他将此法用于实验教学，让学生们去试用解题，结果学生们反映："用新方法解题又快又准。"原来20分钟都很难做出来的题目，现在只要 5 分钟就能轻而易举地解决了。这一发现得到了专家们的认可。北京师范大学数学系赵慈庚教授来信说：用这种方法解高次不等式必然更简便快捷。许多数学界权威人士都称这一发现为中等数学填补了一项空白，具有较高的理论价值和实用价值。他的这一成果得到国家科委的认可，在国家《科学技术研究成果公报》上公布，准备在全国中等数学教学中推广。

　　黎老师成功了，但他并不满足。他说："我最大的愿望就是为后代找一条解题捷径，节约时间，如果能为每个人节约 10 分钟，全国有多少学生，可以节约多少时间啊！"真不愧是教数学的，样样不离本行。黎老师又在想能否将中学数学的解题方法变得易于接受和掌握呢？他通过平时的观察和积累，一个新的念头产生了：我要写一本实用的数学定理讲解书。这可不是一项简单的工程，单是收集材料就够累的，看着他桌上一摞摞的资料，我们不禁叹道：这都是用心血和汗水浸泡出来的啊。他将恢复高考以来各类杂志发表的同行们在数学教学中的新发现收集起来，然后进行分析整理，再提炼，再结晶，让它们成为一个有机的整体，就像散落在各处的将被时光湮没的珠子，将它们收集串在一起，使它们重放异彩。黎老师的专著《中等数学实用定理选讲》书稿一寄到上海科学技术出版社，出版社很快就回信了，说："这是一本好书，我们尽快出版。"在出版界竞争如此激烈和注重经济效益的时候，这样的答复无疑是对该书最好的评价。

　　尽管外面的世界喧嚣异常，黎老师却始终坐拥一份宁静，在自己的园地中苦心经营。功夫不负有心人，辛勤的汗水结出累累硕果，他获得了很多荣誉：国家科技成果完成者、中国数学奥林匹克一级教练员、省数学年会优秀论文奖、省优秀教研员、市科技进步奖一等奖、市优秀教师、市专业技术拔尖人才……面对成绩，他总是笑着摆摆手，说："成绩是在领导和老师们的支持、帮助下取得的，功劳是大家的，是党和政府栽培的结果。"

（载于北京《光明日报》，1997年9月5日，《人民教师无尚光荣》专栏。）

三角形构成定理及其应用

萍乡市教研室 黎友源

如何判断三条线段能构成三角形，课本没有明确给出判定方法。本文试给出判断三条线段能构成三角形的三个定理，简称为三角形构成定理，并利用它们进行快速解题。

定理1：如果三条线段，最长的线段的长小于其他两条线段的长度之和，那么，这三条线段能构成三角形。

已知：线段 a、b、c，a 最长，且 $a<b+c$。

求证：线段 a、b、c 能构成一个三角形。

证明：∵ 线段 a 最长，设线段 a 的两个端点为 B、C，

又 $b+c>a$，

则 $b+c$ 可为以 B、C 为端点的折线 BAC，

∴ 线段 BC 和折线 BAC 构成一个三角形。

推论：如果三条线段，最长的线段的长不小于其他两条线段的长度之和，那么，这三条线段不能构成三角形。

已知：线段 a、b、c，a 最长，且 $a \geq b+c$。

求证：线段 a、b、c 不能构成三角形。

证明：假设线段 a、b、c 能构成三角形，

那么 $b+c>a$，

这与已知 $a \geq b+c$ 相矛盾，

∴ 线段 a、b、c 不能构成三角形。

定理2：如果三条线段，任何两条线段的长度之和大于第

三条线段的长,那么,这三条线段能构成三角形。

已知:线段 a、b、c,且 $a+b>c$,$b+c>a$,$c+a>b$ 都成立。

求证:线段 a、b、c 能构成三角形。

证明: 设在线段 a、b、c 中,线段 a 最长,

∵ $a+b>c$,$b+c>a$,$c+a>b$ 都成立,

∴ $b+c>a$ 成立,

由定理1知,线段 a、b、c 能构成三角形。

定理3: 如果线段 a、b、c,满足 $|a-b|<c<a+b$,那么,线段 a、b、c 能构成三角形。

证明: 不妨设 $a\geq b$,则 $|a-b|=a-b<c$,

∴ $a<b+c$,

又 $a\geq b$,$c>0$,

∴ $a+c>b$,

已知 $|a-b|<c<a+b$,

∴ $a+b>c$,$b+c>a$,$c+a>b$ 同时成立,

由定理2知,线段 a、b、c 能构成三角形。

应用举例如下。

例1 下列长度的三条线段能否构成三角形?为什么?

(1) $\sqrt{3}$,$\sqrt{5}$,$\sqrt{10}$。 (2) 3,5,10。

解:(1)∵ $\sqrt{10}$ 最大,且 $\sqrt{3}+\sqrt{5}>\sqrt{10}$,

由定理1知,它们能构成三角形。

(2)∵ 10 最大,且 $3+5<10$,

由定理1的推论知,它们不能构成三角形。

例2 若 $x>1$,以 x^2+x+1,x^2-1,$2x+1$ 为三边,能否构成三角形?为什么?

解:∵ $x>1$,

∴ $x^2+x+1 > x^2-1$, $x^2+x+1 > 2x+1$,

又 $(x^2-1)+(2x+1) = x^2+x+x > x^2+x+1$,

由定理1知,它们能构成三角形。

例3 已知三条线段长分别是2.5,6,x,当 x 为何值时,三条线段能构成三角形?

解：由定理3知,$|2.5-6| < x < 2.5+6$,即 $3.5 < x < 8.5$,

∴当 $3.5 < x < 8.5$ 时,三条线段能构成三角形。

例4 已知三角形的周长为30,各边长为正整数,求满足条件的不全等的三角形的个数。

解：由定理1知,若在线段 a、b、c 中,a 最长,且 $a < b+c$,则线段 a、b、c 能构成三角形。

又已知 $a+b+c=30$,∴ $a<15$。

满足条件的不全等的三角形逐个列表如下：

序号	1	2	3	4	5	6	7	8	9	10
最大边 a	14	14	14	14	14	14	14	13	13	13
第二边 b	14	13	12	11	10	9	8	13	12	11
最小边 c	2	3	4	5	6	7	8	4	5	6

序号	11	12	13	14	15	16	17	18	19
最大边 a	13	13	12	12	12	12	11	11	10
第二边 b	10	9	12	11	10	9	11	10	10
最小边 c	7	8	6	7	8	9	8	9	10

∴满足条件的不全等的三角形共19个。

例5 任给一个四面体,一定存在一个顶点,由这顶点发出三条棱可以构成一个三角形。

证明 1：在四面体 $ABCD$ 中，设棱 AC 为最长的棱，

∵ $AB + BC > AC$，$AD + CD > AC$，

∴ $AB + BC + AD + CD > 2AC$，

由抽屉原理知：

$AB + AD > AC$，$BC + CD > AC$ 至少有一个成立，

不妨设 $AB + AD > AC$，

由定理 1 知，AB、AD、AC 可以构成一个三角形。

∴ 命题成立。

证明 2：假设四面体 $ABCD$ 中，所有顶点发出的三条棱都不能构成一个三角形。

设棱 AC 为最长的棱，由定理 1 的推论知：
$$AC \geqslant AB + AD,$$
$$AC \geqslant BC + CD,$$

相加得：$2AC \geqslant AB + AD + BC + CD$，……①

又在 $\triangle ABC$ 和 $\triangle ACD$ 中，
$$AB + BC > AC, AD + DC > AC,$$

相加得：$AB + BC + AD + DC > 2AC$，……②

而①式和②式矛盾。

∴ 假设错误，原命题成立。

例 6 设三个正实数 a、b、c 满足：
$$(a^2 + b^2 + c^2)^2 > 2(a^4 + b^4 + c^4)$$

求证：a、b、c 一定是某个三角形的三边长。

证明：∵ $(a^2 + b^2 + c^2)^2 > 2(a^4 + b^4 + c^4)$

展开整理得：
$$2a^2b^2 + 2b^2c^2 + 2c^2a^2 - a^4 - b^4 - c^4 > 0,$$

又 $(a+b+c)(a-b+c)(a+b-c)(-a+b+c)$

$$= 2a^2b^2 + 2b^2c^2 + 2c^2a^2 - a^4 - b^4 - c^4,$$

∴ $(a+b+c)(a-b+c)(a+b-c)(-a+b+c) > 0$。

∵ $(a+b+c) > 0$,

假设 $(a-b+c)$、$(a+b-c)$、$(-a+b+c)$ 三式中两负一正,

不妨设 $(a-b+c) > 0$、$(a+b-c) < 0$、$(-a+b+c) < 0$,

推得 $b < 0$,这与已知矛盾。

∴ $(a-b+c)$、$(a+b-c)$、$(-a+b+c)$ 三式中两负一正不成立。

∴ 只有 $(a-b+c) > 0$、$(a+b-c) > 0$、$(-a+b+c) > 0$ 同时成立,

即 $a+c > b$、$a+b > c$、$b+c > a$ 同时成立,

由定理 2 知,a、b、c 是一个三角形的三边长。

(载于《初中生之友》杂志,1989 年第 5 期。)

三角形构成定理的发现

黎友源,黎 敏

在平面几何学中,有一个著名的定理:三角形任意两边之和大于第三边(三角形边的性质定理)。它的逆定理是什么?平面几何学诞生 2000 多年来,一直没有出现[①]。很多人试探过,没有成功。我们探索过,成功了。探索过程如下。

先将三角形边的性质定理变形:

三角形→任意两边之和大于第三边。

将其直接翻折成逆命题:

任意两边之和大于第三边→三角形。

在逆命题中加注三角形的边是线段:

任意两边(线段)之和大于第三边(线段)→三角形。

再对逆命题的表述进行加工:

三条线段,任意两条线段之和大于第三条线段→这三条线段可以构成一个三角形。

于是得到:

逆命题 1:已知三条线段,其中任意两条线段之和大于第三条线段,那么这三条线段可以构成一个三角形。(由直观思考知逆命题成立。)

又考虑到:逆命题 1 中,"任意两条线段之和大于第三条

[①] 欧几里得著《几何原本》,大约成书于公元前 300 年。

线段",包括三个同时成立的不等式,比较烦琐,必须改简洁些。因为三条线段中,有最长者。如果最长的线段的长小于其他两条线段的长度之和,那么"任意两条线段之和大于第三条线段"成立。易知,两者等价。

于是得到:

逆命题 2:如果三条线段,最长的线段的长小于其他两条线段的长度之和,那么,这三条线段能构成三角形。

对逆命题 2 进行证明。

已知:线段 a、b、c,a 最长,且 $a<b+c$,

求证:线段 a、b、c 能构成一个三角形。

证明:∵ 线段 a 最长,设线段 a 的两个端点为 B、C,

又 $b+c>a$,

则 $b+c$ 可为以 B、C 为端点的折线 BAC,

∴ 线段 BC 和折线 BAC 构成一个三角形。

这样,逆命题 2 成立。

于是得到:

定理(**三角形构成定理**):如果三条线段,最长的线段的长小于其他两条线段的长度之和,那么,这三条线段能构成三角形。

异面直线所成角和距离的公式解法

江西省萍乡市教研室　黎友源

本文试介绍异面直线所成角和距离的公式解法。首先提出异面直线所成角和距离的公式，然后举例说明其应用。

一、公式及其证明

定理一　在两条异面直线 l_1、l_2 上，点 A、$B \in l_1$，点 C、$D \in l_2$，$AB = m$，$CD = n$，$AD = a$，$BC = b$，$AC = p$，$BD = q$，l_1 和 l_2 所成的角为 φ，则

$$\varphi = \arccos \frac{|(a^2 + b^2) - (p^2 + q^2)|}{2mn} \text{。} \quad (1)$$

[1]

定理二　在两条异面直线 l_1、l_2 上，点 A、$E \in l_1$，点 B、$F \in l_2$，$\angle AEF = \alpha$，$\angle BFE = \beta$，二面角 $A - EF - B$ 为 θ，异面直线 l_1 和 l_2 所成的角为 φ，则

$$\varphi = \arccos |\sin\alpha \sin\beta \cos\theta - \cos\alpha \cos\beta| \text{。} \quad (2)$$

证明： 如图 1，过 E 作 $EC // FB$，记 $\angle AEC = \varphi'$，则 $\varphi = \varphi'$ 或 $\varphi = 180° - \varphi'$，$\angle FEC = 180° - \beta$。

在三面角 $E - ACF$ 中，由三面角余弦定理知：

$$\cos\theta = \frac{\cos\varphi' - \cos\alpha\cos(180° - \beta)}{\sin\alpha\sin(180° - \beta)},$$

$$\therefore \cos\theta = \frac{\cos\varphi' + \cos\alpha\cos\beta}{\sin\alpha\sin\beta},$$

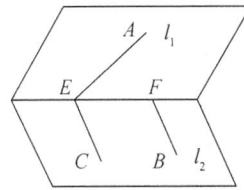

图1

∴ $\cos\varphi' = \sin\alpha\sin\beta\cos\theta - \cos\alpha\cos\beta$。

∵ $0° < \varphi \leqslant 90°$,

∴ $\cos\varphi = |\cos\varphi'| = |\sin\alpha\sin\beta\cos\theta - \cos\alpha\cos\beta|$,

∴ $\varphi = \arccos|\sin\alpha\sin\beta\cos\theta - \cos\alpha\cos\beta|$。

定理三 已知在两条异面直线 l_1、l_2 上，点 A、$B \in l_1$，点 C、$D \in l_2$，$AB = m$，$CD = n$，$AD = a$，$BC = b$，$AC = p$，$BD = q$，$V_{ABCD} = V$，l_1 和 l_2 间的距离为 d，则

$$d = \frac{12V}{\sqrt{(2mn)^2 - [(a^2+b^2)-(p^2+q^2)]^2}}。 \quad (3)$$

证明：如图2，过 B 作 $BE//CD$，则 $CD//$ 平面 ABE,

∴ d 等于点 D 到平面 ABE 的距离。

取 $BE = CD$，连接 AE、ED，则四边形 $BCDE$ 是平行四边形。

∴ $S_{\triangle BCD} = S_{\triangle BED}$,

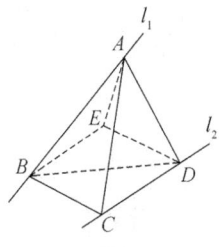

图2

$$\therefore V_{D-ABE} = V_{A-BDE} = V_{A-BCD} = V_\circ$$

又 $V_{D-ABE} = \dfrac{1}{3} S_{\triangle ABE} \cdot d = \dfrac{1}{3}\left(\dfrac{1}{2} mn \sin\angle ABE\right) d$

$$= \dfrac{1}{3}\left(\dfrac{1}{2} mn \sqrt{1 - \cos^2\angle ABE}\right) d,$$

而 $\cos\angle ABE = \dfrac{|(a^2 + b^2) - (p^2 + q^2)|}{2mn}$,

$$\therefore V_{D-ABE} = V = \dfrac{d}{12}\sqrt{(2mn)^2 - [(a^2 + b^2) - (p^2 + q^2)]^2},$$

$$\therefore d = \dfrac{12V}{\sqrt{(2mn)^2 - [(a^2 + b^2) - (p^2 + q^2)]^2}}\circ$$

定理四 已知在两条异面直线 l_1、l_2 上, 点 A、$E \in l_1$, 点 B、$F \in l_2$, AB 是直线 l_1、l_2 的公垂线, $|EF| = m$, $\angle AEF = \alpha$, $\angle BFE = \beta$, 二面角 $A-EF-B$ 为 θ, 异面直线 l_1 和 l_2 间的距离为 d, 则

$$d = \dfrac{m\sin\alpha\sin\beta\sin\theta}{\sqrt{1 - (\sin\alpha\sin\beta\cos\theta - \cos\alpha\cos\beta)^2}}\circ \qquad (4)$$

证明: 如图3, 过 E 作 $EC // FB$,

则 $FB //$ 平面 AEC;

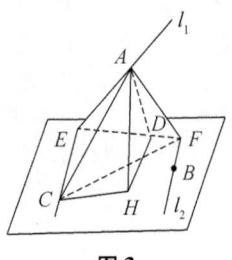

图3

过 A 作 $AH \perp$ 平面 BEF 于 H,

过 H 作 $HC \perp EC$ 于 C, 连接 AC,

则 $AC \perp EC$；

过 H 作 $HD \perp EF$ 于 D，连接 AD，则 $AD \perp EF$。

显然，$V_{A-ECF} = V_{F-AEC}$，

而 $V_{A-ECF} = \dfrac{1}{3} S_{\triangle ECF} \cdot AH$，$V_{F-AEC} = \dfrac{1}{3} S_{\triangle AEC} \cdot d$，

记 $AE = a$，$EC = b$，异面直线 l_1、l_2 所成的角为 φ，则

$$S_{\triangle ECF} = \dfrac{1}{2} EC \cdot FC$$

$$= \dfrac{1}{2} EC \cdot EF\sin(180° - \beta) = \dfrac{1}{2} bm\sin\beta,$$

$$AH = AD\sin\theta = AE\sin\alpha\sin\theta = a\sin\alpha\sin\theta,$$

$$S_{\triangle AEC} = \dfrac{1}{2} EC \cdot AC = \dfrac{1}{2} EC \cdot AE\sin\angle AEC = \dfrac{1}{2} ab\sin\varphi,$$

$\therefore \dfrac{1}{3} \cdot \dfrac{1}{2} bm\sin\beta \cdot a\sin\alpha\sin\theta = \dfrac{1}{3} \cdot \dfrac{1}{2} ab\sin\varphi \cdot d$，

$\therefore d = \dfrac{m\sin\alpha\sin\beta\sin\theta}{\sin\varphi}$。

又 $\varphi = \arccos|\sin\alpha\sin\beta\cos\theta - \cos\alpha\cos\beta|$，

$\therefore \sin\varphi = \sqrt{1 - (\sin\alpha\sin\beta\cos\theta - \cos\alpha\cos\beta)^2}$。

$\therefore d = \dfrac{m\sin\alpha\sin\beta\sin\theta}{\sqrt{1 - (\sin\alpha\sin\beta\cos\theta - \cos\alpha\cos\beta)^2}}$。

二、应用举例

用异面直线所成角公式与距离公式解题，思路清晰，直接简便。

例1 如图4，在单位正方体 $ABCD - A_1B_1C_1D_1$ 中，正方形 ADD_1A_1 的中心为 P，正方形 $ABCD$ 的中心为 Q，求 A_1Q 和

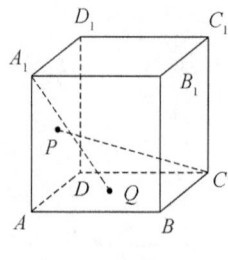

图 4

PC 所成的角。

解:由题意知:

$$m = A_1Q = \sqrt{A_1A^2 + AQ^2} = \frac{\sqrt{6}}{2}, n = PC = \frac{\sqrt{6}}{2},$$

$$a = A_1P = \frac{\sqrt{2}}{2}, b = QC = \frac{\sqrt{2}}{2},$$

$$p = A_1C = \sqrt{3}, q = PQ = \frac{1}{2}D_1C = \frac{\sqrt{2}}{2}。$$

由公式(1)得

$$\varphi = \arccos\frac{|(a^2+b^2)-(p^2+q^2)|}{2mn} = \arccos\frac{\left|1-\frac{7}{2}\right|}{3} = \arccos\frac{5}{6}。$$

例 2 如图 5,把长为 4、宽为 3 的长方形 $ABCD$ 沿对角线 AC 折成 $120°$ 的二面角,求异面直线 AB、CD 所成的角的大小。

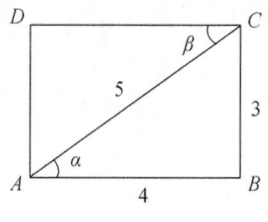

图 5

解：依题意知：$\alpha = \angle BAC$，$\beta = \angle ACD$，
二面角 $D - AC - B$ 为 $\theta = 120°$，
由公式（2）得

$$\varphi = \arccos |\sin\alpha\sin\beta\cos\theta - \cos\alpha\cos\beta|$$

$$= \arccos \left| \frac{3}{5} \cdot \frac{3}{5} \cdot \cos 120° - \frac{4}{5} \cdot \frac{4}{5} \right| = \arccos \frac{41}{50}。$$

例3 如图6，在长方体 $ABCD - A_1B_1C_1D_1$ 中，长 $AB = 2\sqrt{3}$，宽 $BC = 2$，高 $BB_1 = \sqrt{3}$，求异面直线 BD 和 B_1C 间的距离。

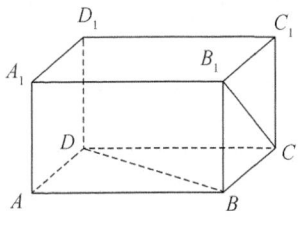

图6

解：依题意知：$m = BD = 4$，$n = B_1C = \sqrt{7}$，$a = BB_1 = \sqrt{3}$，$b = CD = 2\sqrt{3}$，$p = BC = 2$，

$$q = DB_1 = \sqrt{AB^2 + BC^2 + B_1B^2} = \sqrt{19},$$

$$V = V_{B_1 - BCD} = \frac{1}{3}S_{\triangle BCD} \cdot h = \frac{1}{3} \cdot 2\sqrt{3} \cdot \sqrt{3} = 2。$$

由公式（3）得

$$d = \frac{12V}{\sqrt{(2mn)^2 - [(a^2+b^2) - (p^2+q^2)]^2}} = \frac{\sqrt{6}}{2}。$$

例4 如图7，已知正方体 $ABCD - A_1B_1C_1D_1$ 的边长 $AB = 1$，P 是 BB_1 的中点，求异面直线 PD_1 与 AC_1 的距离。

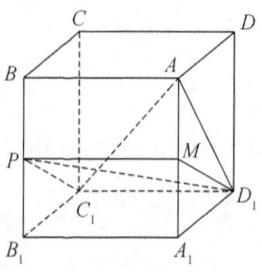

图 7

解：令 $m = C_1D_1 = 1$，$\alpha = \angle PD_1C_1$，$\beta = \angle AC_1D_1$，θ 为二面角 $A - C_1D_1 - P$。

在正方体 $ABCD - A_1B_1C_1D_1$ 中，过 P 作 $PM // B_1A_1$ 交 AA_1 于 M，连 MD_1、AD_1、PC_1。

∵ $C_1D_1 \perp$ 平面 AA_1D_1D，

∴ $C_1D_1 \perp AD_1$，$C_1D_1 \perp MD_1$，

∴ $\angle AD_1M$ 为二面角 $A - C_1D_1 - P$ 的平面角，即 $\theta = \angle AD_1M$。

记 $\gamma = \angle MD_1A_1$，则 $\sin\gamma = \dfrac{\sqrt{5}}{5}$，$\cos\gamma = \dfrac{2\sqrt{5}}{5}$，

∴ $\cos\theta = \cos(45° - \gamma) = \cos 45° \cos\gamma + \sin 45° \sin\gamma$

$= \dfrac{\sqrt{2}}{2} \cdot \dfrac{2\sqrt{5}}{5} + \dfrac{\sqrt{2}}{2} \cdot \dfrac{\sqrt{5}}{5} = \dfrac{3\sqrt{10}}{10}$,

$\sin\theta = \sqrt{1 - \cos^2\theta} = \dfrac{\sqrt{10}}{10}$。

又 $\cos\alpha = \dfrac{C_1D_1}{PD_1} = \dfrac{2}{3}$，$\sin\alpha = \sqrt{1 - \cos^2\alpha} = \dfrac{\sqrt{5}}{3}$,

$\cos\beta = \dfrac{C_1D_1}{AC_1} = \dfrac{\sqrt{3}}{3}$，$\sin\beta = \sqrt{1 - \cos^2\beta} = \dfrac{\sqrt{6}}{3}$。

由公式（4）得

$$d = \frac{m\sin\alpha\sin\beta\sin\theta}{\sqrt{1-(\sin\alpha\sin\beta\cos\theta-\cos\alpha\cos\beta)^2}} = \frac{\sqrt{26}}{26}。$$

参 考 文 献

[1] 黄桂君. 求两条异面直线所成角的一种方法. 数学通报, 1996 (6).

[载于江西《中学数学研究》, 1997（5）; 北京中国人民大学《中学数学教学》, 1997（8）。]

椭圆双曲线统一的焦半径公式

萍乡市教研室　黎友源

椭圆 $\dfrac{x^2}{a^2}+\dfrac{y^2}{b^2}=1\left(双曲线 \dfrac{x^2}{a^2}-\dfrac{y^2}{b^2}=1\right)$ 上一点 $P(x_0, y_0)$ 与焦点 F 的距离 $|PF|$，叫作椭圆（双曲线）的焦半径。又 $F_1(-c, 0)$、$F(c, 0)$ 是左、右焦点，则它们的焦半径公式为：

$$|PF_i| = |a-(-1)^i ex_0| \quad (i=1,2)。$$

（载于黎友源编著《高考数学简明手册》，江西高校出版社 2007 年 3 月版，第 132 页。）

椭圆双曲线同形焦半径公式的探索、证明和应用

黎友源[1],黎 敏[2],李 勇[3]

(1. 萍乡市教学研究室,江西 萍乡 337000;
2. 萍乡市教师培训中心,江西 萍乡 337000;
3. 萍乡市工业学校,江西 萍乡 337055)

摘 要:从简洁的椭圆的焦半径公式出发,探索出既简洁又准确的双曲线的焦半径公式,从而找到了椭圆双曲线同形的焦半径公式,并证明之。

关键词:椭圆;双曲线;焦半径;焦半径公式

1. 公式的探索

问题的提出 关于双曲线的焦半径公式,现在流行的有:

①双曲线的焦半径为 r_1、r_2[双曲线上一点 (x,y) 到焦点的距离,即 MF_1、MF_2],$r_1 = \pm(ex - a)$,$r_2 = \pm(ex + a)$。[1]

②双曲线焦半径为:$ex_0 \pm a$ 或 $\mp a - ex_0$。[2]

③双曲线上的点 $M(x_0, y_0)$ 与焦点的距离称为焦半径,F_i 为焦点 $(i = 1, 2)$,$|MF_i| = |ex_0 \pm a|$ $(i = 1, 2)$。[3]

以上三种"双曲线的焦半径公式"都是不科学的,是错误的。因为它们是双值的,这与双曲线上一点到一个焦点的距

离是唯一值相矛盾。那么，怎样的双曲线的焦半径公式才是正确的呢？

问题的解决　请看下面的双曲线的焦半径公式：

当 $x \geq a$ 时，$|PF_1| = ex + a$，$|PF_2| = ex - a$；

当 $x \leq -a$ 时，$|PF_1| = -(ex + a)$，$|PF_2| = -(ex - a)$。[4]

该结果确保了双曲线焦半径的值的唯一性，是正确的。

问题的再提出　上面（文献[4]）给出的双曲线的焦半径公式是分类讨论式的，形式比较复杂，记忆量较大，能否更简洁些？能否不用分类讨论式？

问题的再解决　为了简化上面（文献[4]）双曲线的焦半径公式，我们联想到简洁易记的椭圆的焦半径公式：

$$|MF_1| = a + ex_0, \quad |MF_2| = a - ex_0。$$

因为椭圆和双曲线都是有心的圆锥曲线，有很多性质、公式是同形的，那么它们的焦半径公式能否也同形呢？因为椭圆的焦半径公式比上面（文献[4]）双曲线的焦半径公式要简洁，我们希望双曲线的焦半径公式向椭圆的焦半径公式靠拢。但期望的双曲线的焦半径公式绝对不会和现在的椭圆的焦半径公式同形，所以，必须对现在的椭圆的焦半径公式进行等价变形。如何变？考虑到椭圆的焦半径是椭圆上一点到焦点的距离，就给现在的椭圆的焦半径公式加上绝对值符号，其值不变，但外形变了。即椭圆的焦半径公式变形为：

$$|MF_1| = |a + ex_0|, \quad |MF_2| = |a - ex_0|。$$

这个变了形的椭圆的焦半径公式适合双曲线吗？经验证，完全适应上面（文献[4]）双曲线的焦半径的结论。至此，我们找到了简洁的双曲线焦半径公式，即找到了椭圆双曲线同形的焦半径公式：

$$|MF_i| = |a - (-1)^i ex_0| \quad (i = 1, 2)。^{[5]}$$

2. 公式的证明

定理 已知 $M(x_0, y_0)$ 是椭圆 $\dfrac{x^2}{a^2} + \dfrac{y^2}{b^2} = 1$ ($a > b > 0$) [双曲线 $\dfrac{x^2}{a^2} - \dfrac{y^2}{b^2} = 1$ ($a > 0$, $b > 0$)] 上一点,$F_1(-c, 0)$、$F_2(c, 0)$ 分别是左、右焦点,那么,它们的焦半径为:

$$|MF_i| = |a - (-1)^i ex_0| \quad (i = 1, 2)。$$

(椭圆双曲线同形的焦半径公式)

证明:已知 $M(x_0, y_0)$ 是椭圆 $\dfrac{x^2}{a^2} + \dfrac{y^2}{b^2} = 1$(双曲线 $\dfrac{x^2}{a^2} - \dfrac{y^2}{b^2} = 1$)上一点,$F_1(-c, 0)$、$F_2(c, 0)$ 分别是左、右焦点,其相对应的准线方程为 $x = \mp \dfrac{a^2}{c}$,离心率 $e = \dfrac{c}{a}$,设 M 到准线的距离为 d。

根据椭圆(双曲线)的第二定义知:$\dfrac{|MF|}{d} = e$(定值),

$\therefore |MF| = ed$。

(1) 当 F 为左焦点 F_1 时,

$$|MF_1| = e\left|x_0 - \left(-\dfrac{a^2}{c}\right)\right| = |ex_0 + a| = |a + ex_0|。$$

(2) 当 F 为右焦点 F_2 时,

$$|MF_2| = e\left|x_0 - \dfrac{a^2}{c}\right| = |ex_0 - a| = |a - ex_0|。$$

由(1)、(2)知,椭圆和双曲线有同形的焦半径公式:

$$|MF_i| = |a - (-1)^i ex_0| \quad (i = 1, 2)。$$

椭圆双曲线同形的焦半径公式,科学准确,简洁易记,使用方便,一举两得。

3. 公式的应用

脱去椭圆双曲线同形的焦半径公式中绝对值符号的简易法则：

①当曲线为椭圆 $\dfrac{x^2}{a^2}+\dfrac{y^2}{b^2}=1$（$a>b>0$）时，直接脱去绝对值符号即可。

②当曲线为双曲线 $\dfrac{x^2}{a^2}-\dfrac{y^2}{b^2}=1$（$a>0$，$b>0$）时，只需注意公式中绝对值符号内的第二项 $[-(-1)^i ex_0,(i=1,2)]$。如果第二项是正值，则直接脱去绝对值符号；如果第二项是负值，脱去绝对值符号后各项变号。

例1 已知双曲线 $\dfrac{x^2}{a^2}-\dfrac{y^2}{b^2}=1$（$a>0$，$b>0$）的左、右焦点分别为 F_1、F_2，若 P 为其上一点，且 $|PF_1|=2|PF_2|$，求双曲线的离心率 e 的取值范围。

解：设点 $P(x_0,y_0)$ 在双曲线 $\dfrac{x^2}{a^2}-\dfrac{y^2}{b^2}=1$（$a>0$，$b>0$）上，

∵ $|PF_1|=2|PF_2|$，

∴ $x_0\geq a>0$，$|a+ex_0|=2|a-ex_0|$，（直接套用公式）

∴ $a+ex_0=2(-a+ex_0)$，（按简易法则脱去绝对值符号）

∴ $ex_0=3a$。

又 $e>1$，∴ $x_0=\dfrac{3a}{e}\geq a$，∴ $1<e\leq 3$。

例2 已知双曲线 $\dfrac{x^2}{a^2}-\dfrac{y^2}{b^2}=1$（$a>0$，$b>0$）的离心率 $e>1+\sqrt{2}$，左、右焦点分别为 F_1、F_2，左准线为 l，能否在双曲线的左支上找到一点 P，使得 $|PF_1|$ 是 P 到左准线 l 的距离 d

与 $|PF_2|$ 的等比中项。

解：假设在双曲线 $\dfrac{x^2}{a^2} - \dfrac{y^2}{b^2} = 1$ （$a>0$，$b>0$）的左支上存在点 $P(x_0, y_0)$（$x_0 \leqslant -a < 0$）符合题设条件，即使 $|PF_1|^2 = |PF_2|d$ 成立。

由双曲线的第二定义知：$\dfrac{|PF_1|}{d} = e$ （$e>1$），

∴ $ed|PF_1| = |PF_2|d$，

∴ $e|a + ex_0| = |a - ex_0|$，（直接套用公式）

∴ $e(-a - ex_0) = a - ex_0$，（按简易法则脱去绝对值符号）

∴ $x_0 = \dfrac{-a(e+1)}{e(e-1)} \leqslant -a$。

∴ $\dfrac{e+1}{e(e-1)} \geqslant 1$，

∴ $\dfrac{e(e-1) - (e+1)}{e(e-1)} \leqslant 0$，

∴ $(e^2 - 2e - 1)e(e-1) \leqslant 0$ 且 $e(e-1) \neq 0$，

∴ $e \in [1 - \sqrt{2}, 0) \cup (1, 1 + \sqrt{2}]$，

又 $e > 1$，

∴ $e \in (1, 1 + \sqrt{2}]$。

这与已知条件 $e > 1 + \sqrt{2}$ 相矛盾。

∴ 符合条件的点 P 不存在。

参 考 文 献

[1]《数学手册》编写组. 数学手册 [M]. 北京：人民教育出版社，1979：354.

[2] 蒋玉清. 高考领先一步——高中数学总复习 [M]. 南昌：江西人民出版社，2004：167.

［3］贾会娟．金榜夺魁——高考数学总复习［M］．北京：光明日报出版社，2005：241.

［4］唐秀颖．数学题解辞典——平面解析几何［M］．上海：上海辞书出版社，1983：447.

［5］黎友源．高考数学简明手册［M］．南昌：江西高校出版社，2007：132.

（荣获江西省2009年中学数学教学论文一等奖。）

三面角的棱面角的计算公式

张功萍[1],黎友源[2]

(1. 江西省萍乡市上栗中学,江西 萍乡 337011;
2. 江西省萍乡市教研室,江西 萍乡 337000)

定理 在三面角 $S-A_1B_1C_1$ 中,三个面角 $\angle C_1SB_1 = \alpha$,$\angle A_1SC_1 = \beta$,$\angle A_1SB_1 = \gamma$,且棱 SA_1 和平面 C_1SB_1 所成棱面角为 θ_1,棱 SB_1 和平面 A_1SC_1 所成棱面角为 θ_2,棱 SC_1 和平面 A_1SB_1 所成棱面角为 θ_3,则

$$\cos\theta_1 = \frac{\sqrt{\cos^2\beta + \cos^2\gamma - 2\cos\alpha\cos\beta\cos\gamma}}{\sin\alpha};$$

$$\cos\theta_2 = \frac{\sqrt{\cos^2\gamma + \cos^2\alpha - 2\cos\alpha\cos\beta\cos\gamma}}{\sin\beta};$$

$$\cos\theta_3 = \frac{\sqrt{\cos^2\alpha + \cos^2\beta - 2\cos\alpha\cos\beta\cos\gamma}}{\sin\gamma}。$$

(三面角的棱面角余弦公式)

证明:如图,在 SA_1 上取一点 P,作 $PQ \perp$ 平面 B_1SC_1 于 Q,连接 SQ,则 $\angle PSQ = \theta_1$。过 Q 作 $QK \perp SB_1$,$QR \perp SC_1$,垂足分别为 K、R,连接 PK、PR,则 $PK \perp SB_1$,$PR \perp SC_1$,连接 KR。

设 $SP = a$,

则 $SK = a\cos\gamma$,$SR = a\cos\beta$。

在 $\triangle SKR$ 中,由余弦定理得:

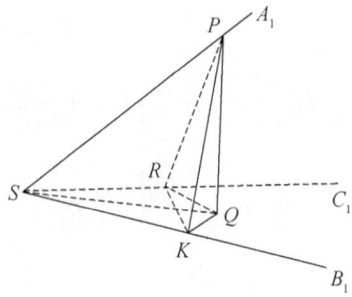

$$KR^2 = a^2\cos^2\gamma + a^2\cos^2\beta - 2a^2\cos\gamma\cos\beta\cos\alpha_{\circ}$$

$$\therefore RK = a\sqrt{\cos^2\beta + \cos^2\gamma - 2\cos\alpha\cos\beta\cos\gamma}_{\circ}$$

又 $\because QK \perp SK$，$QR \perp SR$，$\therefore S$、K、Q、R 四点共圆，且 SQ 为直径，即 SQ 为 $\triangle SKR$ 的外接圆的直径。

在 $\triangle SKR$ 中，由正弦定理得：

$$SQ = \frac{KP}{\sin\alpha} = \frac{a\sqrt{\cos^2\beta + \cos^2\gamma - 2\cos\alpha\cos\beta\cos\gamma}}{\sin\alpha};$$

在 $\text{Rt}\triangle PSQ$ 中，

$$\cos\theta_1 = \frac{SQ}{SP} = \frac{\sqrt{\cos^2\beta + \cos^2\gamma - 2\cos\alpha\cos\beta\cos\gamma}}{\sin\alpha}_{\circ}$$

同理可得：

$$\cos\theta_2 = \frac{\sqrt{\cos^2\gamma + \cos^2\alpha - 2\cos\alpha\cos\beta\cos\gamma}}{\sin\beta};$$

$$\cos\theta_3 = \frac{\sqrt{\cos^2\alpha + \cos^2\beta - 2\cos\alpha\cos\beta\cos\gamma}}{\sin\gamma}_{\circ}$$

（载于北京《数学通报》，2001 年第 1 期。《数学通报》是中国科协主管，中国数学会和北京师范大学主办，全国数学教育类核心期刊。）

三面角的二面角和棱面角的计算及应用

张功萍[1]，黎友源[2]

(1. 萍乡市上栗中学，江西 337011；
2. 萍乡市教研室，江西 337000)

立体几何中的角有平面角、二面角、三面角等。在空间中，由一点引出不在同一平面内的三条射线，以及相邻两条射线间的平面部分所组成的图形叫作三面角。其中，组成三面角的三条射线叫作三面角的棱；这些射线的公共端点叫作三面角的顶点；相邻两棱间的平面部分叫作三面角的面；每个面内由两条棱组成的角叫作三面角的面角；相邻两个面间的二面角叫作三面角的二面角；每条棱和相对的面所在平面所成的角叫作三面角的棱面角。一个三面角有一个顶点、三条棱、三个面、三个面角、三个二面角和三个棱面角。

在三面角中，已知三个面角的大小，那么三个二面角、三个棱面角的大小也就确定了。其数量关系由下面两个定理给出。

定理1 在三面角 $S-A_1B_1C_1$ 中，三个面角 $\angle C_1SB_1=\alpha$，$\angle A_1SC_1=\beta$，$\angle A_1SB_1=\gamma$，它们所对的二面角分别记作 A、B、C，则

$$\cos A = \frac{\cos\alpha - \cos\beta\cos\gamma}{\sin\beta\sin\gamma};$$

$$\cos B = \frac{\cos\beta - \cos\gamma\cos\alpha}{\sin\gamma\sin\alpha};$$

$$\cos C = \frac{\cos\gamma - \cos\alpha\cos\beta}{\sin\alpha\sin\beta}。$$

（三面角的二面角余弦公式）

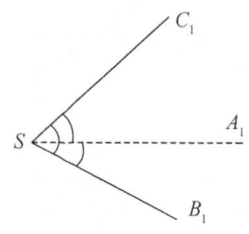

图1　定理1图

推论　在三面角 $S-A_1B_1C_1$ 中，$\cos\alpha = \cos\beta\cos\gamma \Leftrightarrow A = 90°$。

定理2　在三面角 $S-A_1B_1C_1$ 中，三个面角 $\angle C_1SB_1 = \alpha$，$\angle A_1SC_1 = \beta$，$\angle A_1SB_1 = \gamma$，且棱 SA_1 和平面 C_1SB_1 所成棱面角为 θ_1，棱 SB_1 和平面 A_1SC_1 所成棱面角为 θ_2，棱 SC_1 和平面 A_1SB_1 所成棱面角为 θ_3，则

$$\cos\theta_1 = \frac{\sqrt{\cos^2\beta + \cos^2\gamma - 2\cos\alpha\cos\beta\cos\gamma}}{\sin\alpha};$$

$$\cos\theta_2 = \frac{\sqrt{\cos^2\gamma + \cos^2\alpha - 2\cos\alpha\cos\beta\cos\gamma}}{\sin\beta};$$

$$\cos\theta_3 = \frac{\sqrt{\cos^2\alpha + \cos^2\beta - 2\cos\alpha\cos\beta\cos\gamma}}{\sin\gamma}。$$

（三面角的棱面角余弦公式）

三面角的二面角余弦公式和棱面角余弦公式形式简洁易记，且具有轮换性。运用定理1和定理2求解含有三面角的二面角和棱面角的问题，可以不添或少添辅助线，既方便又

快捷。

例1 如图2，已知正三棱柱 $ABC-A_1B_1C_1$ 中，D 是 AB 的中点，$DC=DA_1$，求二面角 $D-A_1C-A$ 的度数。

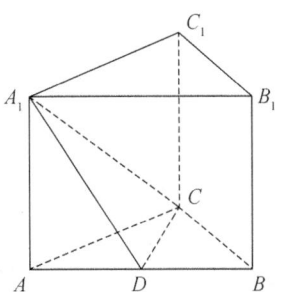

图2 例1图

分析：二面角 $D-A_1C-A$ 在三面角 $C-ADA_1$ 中，只要找出三面角 $C-ADA_1$ 三个面角的度数或余弦（正弦）值，根据三面角的二面角余弦公式可算出二面角 $D-A_1C-A$ 的度数。

解：在正三棱柱 $ABC-A_1B_1C_1$ 中，D 是 AB 的中点，$DC=DA_1$，设 $AB=2a$，则 $AD=a$，$CD=DA_1=\sqrt{3}a$，$AC=2a$，$AA_1=\sqrt{2}a$，$A_1C=\sqrt{6}a$，且 $\angle ACD=30°$，$CD\perp DA_1$。

令 $\angle ACD=\alpha$，$\angle DCA_1=\beta$，$\angle ACA_1=\gamma$，二面角 $D-A_1C-A$ 为 φ，则

$$\cos\alpha=\cos 30°=\frac{\sqrt{3}}{2}。$$

$$\cos\beta=\frac{\sqrt{3}a}{\sqrt{6}a}=\frac{\sqrt{2}}{2},\ \sin\beta=\frac{\sqrt{2}}{2}。$$

$$\cos\gamma=\frac{2a}{\sqrt{6}a}=\frac{\sqrt{6}}{3},\ \sin\gamma=\frac{\sqrt{3}}{3}。$$

由三面角的二面角余弦公式得：

$$\cos\varphi = \frac{\cos\alpha - \cos\beta\cos\gamma}{\sin\beta\sin\gamma} = \frac{\sqrt{2}}{2},$$

∴ $\varphi = 45°$。

∴ 二面角 $D - A_1C - A$ 为 $45°$。

注：此解法比教科书中的解法快捷。

例2 如图3，在 $\triangle ABC$ 中，$\angle C$ 是直角，平面 ABC 外有一点 P，$PC = 24$，点 P 到直线 AC、BC 的距离 PD 和 PE 都等于 $6\sqrt{10}$，求 PC 与平面 ABC 所成的角。

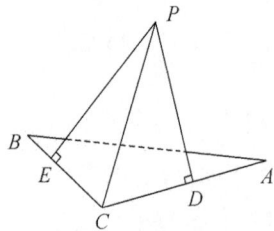

图3 例2图

分析：该题可直接运用三面角的棱面角余弦公式求解。

解：三面角 $C - ABP$ 中，令 PC 与平面 ABC 所成的角为 θ_1，$\angle C = \alpha$，$\angle PCA = \beta$，$\angle PCB = \gamma$，由已知得：

$$\cos\alpha = \cos 90° = 0，\sin\alpha = 1。$$

$$\cos\beta = \frac{\sqrt{24^2 - (6\sqrt{10})^2}}{24} = \frac{\sqrt{6}}{4}。$$

$$\cos\gamma = \cos\beta = \frac{\sqrt{6}}{4}。$$

由三面角的棱面角余弦公式得：

$$\cos\theta_1 = \frac{\sqrt{\cos^2\beta + \cos^2\gamma - 2\cos\alpha\cos\beta\cos\gamma}}{\sin\alpha} = \frac{\sqrt{3}}{2},$$

∴ $\theta_1 = 30°$。

∴ PC 与平面 ABC 所成的角为 $30°$。

例 3 求正四面体相邻两侧面所成的二面角的大小，及正四面体的高与棱长的比。

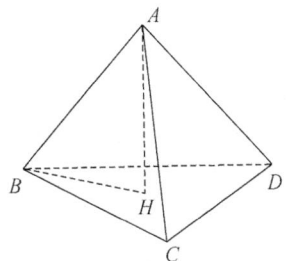

图 4 例 3 图

分析：该题可直接运用三面角的二面角余弦公式和棱面角余弦公式求解。

解：如图 4，在正四面体 $ABCD$ 中，所有面角均为 $60°$，所有相邻两侧面所成的二面角均相等（记为 φ）。

由三面角的二面角余弦公式得：

$$\cos\varphi = \frac{\cos\alpha - \cos\beta\cos\gamma}{\sin\beta\sin\gamma} = \frac{\cos60° - \cos60°\cos60°}{\sin60°\sin60°} = \frac{1}{3},$$

∴ $\varphi = \arccos\dfrac{1}{3}$。

∴ 正四面体相邻两侧面所成的二面角为 $\arccos\dfrac{1}{3}$。

过 A 作 $AH \perp$ 底面 BCD 于 H，连接 BH，则 $\angle ABH$ 为三面角 $B - ACD$ 的一个棱面角（记为 θ_1），由三面角的棱面角余弦

公式得：

$$\cos\theta_1 = \frac{\sqrt{\cos^2\beta + \cos^2\gamma - 2\cos\alpha\cos\beta\cos\gamma}}{\sin\alpha}$$

$$= \frac{\sqrt{\cos^2 60° + \cos^2 60° - 2\cos 60°\cos 60°\cos 60°}}{\sin 60°} = \frac{\sqrt{3}}{3},$$

则 $\sin\theta_1 = \frac{\sqrt{6}}{3}$，即 $\frac{AH}{AB} = \frac{\sqrt{6}}{3}$。

∴ 正四面体的高与棱长的比为 $\sqrt{6} : 3$。

例 4 已知正三棱锥的底面边长为 1，侧面和底面所成的角为 $60°$，求它的高、侧棱长，以及相邻两侧面所成的二面角的大小。

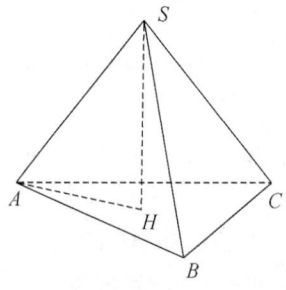

图 5 例 4 图

分析：该题可通过综合运用三面角的二面角余弦公式和棱面角余弦公式求解。

解：如图 5，在正三棱锥 $S - ABC$ 中，$AB = 1$，侧面和底面所成的角为 $60°$。

过 S 作 $SH \perp$ 底面 ABC 于 H，连接 AH，则 H 为正三角形 ABC 的中心，且

$$AH = \frac{2}{3} \cdot \frac{\sqrt{3}}{2} \cdot 1 = \frac{\sqrt{3}}{3}。$$

在三面角 $A-SBC$ 中，设 $\angle BAC = \alpha$，$\angle SAB = \beta$，$\angle SAC = \gamma$，$\angle SAH = \theta_1$，且 $\alpha = 60°$，$\beta = \gamma$（锐角），二面角 $S-AB-C$ 为 φ_3，且 $\varphi_3 = 60°$，二面角 $B-AS-C$ 为 φ_1。

由三面角的二面角余弦公式得：

$$\cos\varphi_3 = \frac{\cos\gamma - \cos\beta\cos\alpha}{\sin\beta\sin\alpha}，\text{即} \quad \cos 60° = \frac{\cos\gamma - \cos\gamma\cos 60°}{\sin\gamma\sin 60°}，$$

$$\therefore \cos\gamma = \frac{\sqrt{3}}{2}\sin\gamma。$$

$$\therefore \cos^2\gamma = \frac{3}{7}，\sin^2\gamma = \frac{4}{7}。$$

又由三面角的棱面角余弦公式得：

$$\cos\theta_1 = \frac{\sqrt{\cos^2\beta + \cos^2\gamma - 2\cos\alpha\cos\beta\cos\gamma}}{\sin\alpha}$$

$$= \frac{\sqrt{\frac{3}{7} + \frac{3}{7} - 2 \cdot \frac{3}{7}\cos 60°}}{\sin 60°}$$

$$= \frac{2}{\sqrt{7}}，$$

$$\therefore \sin\theta_1 = \sqrt{\frac{3}{7}}，\tan\theta_1 = \frac{\sqrt{3}}{2}。$$

$$\therefore SH = AH\tan\theta_1 = \frac{\sqrt{3}}{3} \cdot \frac{\sqrt{3}}{2} = \frac{1}{2}。$$

$$SA = \frac{AH}{\cos\theta_1} = \frac{\sqrt{3}}{3} \cdot \frac{\sqrt{7}}{2} = \frac{\sqrt{21}}{6}。$$

由三面角的二面角余弦公式得：

$$\cos\varphi_1 = \frac{\cos\alpha - \cos\beta\cos\gamma}{\sin\beta\sin\gamma} = \frac{\cos 60° - \cos^2\gamma}{\sin^2\gamma} = \frac{\dfrac{1}{2} - \dfrac{3}{7}}{\dfrac{4}{7}} = \frac{1}{8}。$$

$\therefore \varphi_1 = \arccos\dfrac{1}{8}$。

$\therefore$ 该正三棱锥的高为 $\dfrac{1}{2}$，侧棱长为 $\dfrac{\sqrt{21}}{6}$，相邻两侧面所成的二面角为 $\arccos\dfrac{1}{8}$。

（载于湖北《数学通讯》，2002 年第 1 期。《数学通讯》是国家教育部主管，华中师范大学等主办，全国初等/中等教育类核心期刊。）

附6　四面体的一个体积公式

——三面角的棱面角公式的一个应用

郭要红

(安徽师范大学数学系　241000)

文献 [1] 给出了三面角中棱与面所成的角与三个面角间的关系如下。

定理1　在三面角 $S-A_1B_1C_1$ 中，三个面角 $\angle C_1SB_1 = \alpha$，$\angle A_1SC_1 = \beta$，$\angle A_1SB_1 = \gamma$，且棱 SA_1 和平面 C_1SB_1 所成棱面角为 θ_1，棱 SB_1 和平面 A_1SC_1 所成棱面角为 θ_2，棱 SC_1 和平面 A_1SB_1 所成棱面角为 θ_3，则

$$\cos\theta_1 = \frac{\sqrt{\cos^2\beta + \cos^2\gamma - 2\cos\alpha\cos\beta\cos\gamma}}{\sin\alpha};$$

$$\cos\theta_2 = \frac{\sqrt{\cos^2\gamma + \cos^2\alpha - 2\cos\alpha\cos\beta\cos\gamma}}{\sin\beta};$$

$$\cos\theta_3 = \frac{\sqrt{\cos^2\alpha + \cos^2\beta - 2\cos\alpha\cos\beta\cos\gamma}}{\sin\gamma}。$$

(三面角的棱面角的余弦公式)

受定理1启发，如图，若分别在 SA_1、SB_1、SC_1 上选取定点 A、B、C，使得 $SA=a$，$SB=b$，$SC=c$，则四面体 $S-ABC$ 的体积应能由 a、b、c、α、β、γ 唯一确定，有没有这样一个公式呢？本文讨论这一问题。

设棱 SA 与平面 SBC 所成的角为 θ，作 $OA \perp$ 平面 BSC 于

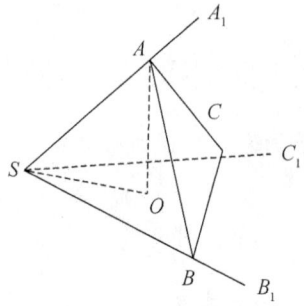

O,连接 SO,则 $\angle ASO = \theta$。根据定理1,有

$$\cos\theta = \frac{\sqrt{\cos^2\beta + \cos^2\gamma - 2\cos\alpha\cos\beta\cos\gamma}}{\sin\alpha},$$

$$\therefore \sin\theta = \frac{\sqrt{\sin^2\alpha - \cos^2\beta - \cos^2\gamma + 2\cos\alpha\cos\beta\cos\gamma}}{\sin\alpha}。$$

设四面体 $S-ABC$ 的体积为 V,则

$$V = \frac{1}{3}S_{\triangle SBC} \cdot AO$$

$$= \frac{1}{3} \cdot \frac{1}{2}SB \cdot SC \cdot \sin\angle CSB \cdot AS \cdot \sin\theta$$

$$= \frac{abc}{6}\sqrt{\sin^2\alpha - \cos^2\beta - \cos^2\gamma + 2\cos\alpha\cos\beta\cos\gamma}。 \quad (1)$$

同理,可得

$$V = \frac{abc}{6}\sqrt{\sin^2\beta - \cos^2\gamma - \cos^2\alpha + 2\cos\alpha\cos\beta\cos\gamma}。 \quad (2)$$

$$V = \frac{abc}{6}\sqrt{\sin^2\gamma - \cos^2\alpha - \cos^2\beta + 2\cos\alpha\cos\beta\cos\gamma}。 \quad (3)$$

四面体 $S-ABC$ 的体积 V 为定值,故式(1)、式(2)、式(3)中被开方数应能化归为同一表达式。

事实上，若记 $p = \frac{1}{2}(\alpha + \beta + \gamma)$，则

$\sin^2\alpha - \cos^2\beta - \cos^2\gamma + 2\cos\alpha\cos\beta\cos\gamma$
$= \sin^2\alpha(\sin^2\beta + \cos^2\beta) - \cos^2\beta(\sin^2\alpha + \cos^2\alpha) - \cos^2\gamma +$
$\quad [\cos(\alpha-\beta) + \cos(\alpha+\beta)]\cos\gamma$
$= \sin^2\alpha\sin^2\beta - \cos^2\alpha\cos^2\beta - \cos^2\gamma +$
$\quad \cos(\alpha-\beta)\cos\gamma + \cos(\alpha+\beta)\cos\gamma$
$= -\cos(\alpha-\beta)\cos(\alpha+\beta) - \cos^2\gamma + \cos(\alpha-\beta)\cos\gamma +$
$\quad \cos(\alpha+\beta)\cos\gamma$
$= [\cos(\alpha+\beta) - \cos\gamma][\cos\gamma - \cos(\alpha-\beta)]$
$= 4\sin\dfrac{\alpha+\beta+\gamma}{2}\sin\dfrac{\alpha+\beta-\gamma}{2}\sin\dfrac{\gamma+\alpha-\beta}{2}\sin\dfrac{\gamma+\beta-\alpha}{2}$
$= 4\sin p\sin(p-\alpha)\sin(p-\beta)\sin(p-\gamma)$。

将上式代入式（1）中，得：

$$V = \frac{abc}{3}\sqrt{\sin p \sin(p-\alpha)\sin(p-\beta)\sin(p-\gamma)}。$$

于是，我们应用定理1得到四面体的一个体积公式。

定理 2 在体积为 V 的四面体 $S-ABC$ 中，三个面角 $\angle CSB = \alpha$，$\angle ASC = \beta$，$\angle ASB = \gamma$，$p = \frac{1}{2}(\alpha + \beta + \gamma)$，$SA = a$，$SB = b$，$SC = c$，则有

$$V = \frac{abc}{3}\sqrt{\sin p \sin(p-\alpha)\sin(p-\beta)\sin(p-\gamma)}。 \quad (*)$$

式（*）简洁、对称，易于记忆。将式（*）与三角形的海伦—秦九韶面积公式：$S = \sqrt{p(p-a)(p-b)(p-c)}$〔其中 a、b、c 是三角形的三边，$p = \frac{1}{2}(a+b+c)$〕对比，可以感受到式（*）是一个十分有意思的公式。

参 考 文 献

[1] 张功萍，黎友源. 三面角的棱面角的计算公式. 数学通报，2001(1)：28.

（载于北京《数学通报》，2003 年第 7 期。）

第二部分
数学创新应用
——破解"萍实"千古谜

> 宇宙之大,粒子之微,火箭之速,化工之巧,地球之变,生物之谜,日用之繁,无处不用数学。
>
> 华罗庚

Part 2 Mathematical Innovation Applications
—Puzzle Out the "Pingshi" Mystery

Mathematics is used everywhere in our daily life, either in the study of the spacious universe or in the micro particle, either in the study of rocket speed or in chemical industry, either in the study of the change of the earth or in the mystery of life.

Hua Luogeng

试论"萍实"是武功山巨型灵芝

黎友源[1]，李　勇[2]，黎　敏[3]，黎发源[4]

(1. 萍乡市教学研究室，江西　萍乡　337000；
2. 萍乡市工业学校，江西　萍乡　337055；
3. 萍乡市教师培训中心，江西　萍乡　337000；
4. 萍乡市安源区医院，江西　萍乡　337000)

摘　要：公元前505年，楚昭王渡江时获得一个野生稀罕物。孔子说它叫"萍实"，是吉祥物。可是，现代的生物学和药学中，没有"萍实"一词。"萍实"是何生物，成了千古一谜。最近，我们研究发现："萍实"是武功山巨型灵芝。

关键词："萍实"；武功山；萍乡；灵芝
中图分类号：K928.5　　　**文献标识码**：A
文章编号：1007-9149（2013）02-0076-03

On the "Pingshi" is a Giant Ganoderma of Wugong Mountain

Li Youyuan[1], Li Yong[2], Li Min[3], Li Fayuan[4]

(1. Pingxiang Teaching Research Office, Jiangxi Pingxiang 337000;
2. Pingxiang Industrial School, Jiangxi Pingxiang 337055;

3. Pingxiang Teachers Training Center, Jiangxi Pingxiang 337000;
4. Pingxiang Anyuan District Hospital, Jiangxi Pingxiang 337000)

Abstract: In 505 BC, King Chu Zhao got a wild rarity when crossing the river. Confucius said it was called Pingshi and it was a mascot. However, no such word as "Pingshi" could be found in the modern biology and pharmacy. Therefore, what is "Pingshi" remained to be an unfathomable mystery. Recently, we found that the "Ping shi" was a giant Ganoderma of Wugong Mountain.

Key words: "Pingshi", Wugong Mountain, Pingxiang, Ganoderma

公元前505年[1], 楚国楚昭王来到现在的江西萍乡, 渡江时, 偶然获得一个江上漂来的野生稀罕物。此为何物？他遍问满朝文武, 无人知晓, 于是, 派使臣到鲁国请教孔子。孔子辨识后说："此物叫萍实, 是吉祥物。"于是, 楚昭王获得"萍实"的地方就被誉称为"萍实之乡", 简称"萍乡"。这就是萍乡地名的由来。可是, 现代的生物学和药学中, 没有"萍实"一词。"萍实"到底是何生物？至今没有谁说清过, 更没有人拿出"萍实"实物展示给大家看过, 成了千古一谜。最近, 我们研究认为："萍实"就是灵芝, 是生长于武功山的巨型灵芝。试论述如下。

1. "萍实"

王肃在其注释的《孔子家语》第一卷《致思》中记载："楚昭王渡江, 江中有物, 大如斗, 圆而赤, 直触王舟, 取之。王大怪之, 遍问群臣, 莫之能识, 王使使聘于鲁, 问于孔子。子曰：'此所谓萍实者也（萍水草也），可剖而食之，吉祥也，唯霸者为能获焉。'使者返。王遂食之，大美久之。"[2]

又，冯梦龙著的《东周列国志》第七十八回写道：楚昭王使人询问孔子，渡江所得之物是何物？孔子答使者曰："是名萍实，可剖而食也……"使者又曰："可常得乎？"孔子曰："萍者，浮泛不根之物，乃结而成实，虽千百年不易得也……"[3]

领悟古人记载，研究归纳得："萍实"是集天地精华、千年难得一遇的吉祥物；"萍实"又红又圆，直径约 40 cm，十分结实；"萍实"可食；"萍实"食后能使人"大美久之"（即补肾强身奇效）。

有人说："萍实"是浮萍。又有人说："萍实"是南瓜。但浮萍和南瓜食后均无使人"大美久之"之功能，因此，"萍实"不可能是浮萍和南瓜。

又据《萍乡市志》记载："（三国）吴宝鼎二年（公元 267 年），萍乡置县，县治设于芦溪古岗。""唐武德二年（公元 619 年），萍乡县治由芦溪古岗迁至凤凰池（今市治所在地）。"[4]这表明公元前"楚昭王渡江获萍实"的故事发生在现在的萍乡市芦溪镇境内，其江现名芦溪河（古时称宜春江）。芦溪河发源于武功山，武功山海拔 1918.3 m，是江西省境内的最高峰。武功山群峰俊秀，峰峰悬崖峭壁，古树参天，处处深壑幽谷，云雾飘绕，拥有大片的原始森林，适宜野生物的生长，适宜"萍实"的生长。古时，芦溪河沿岸人烟稀少，河中常有从原始森林中冲漂下来的野生物。公元前 505 年某一天，天公作美，一阵狂风暴雨，"萍实"脱落，被大水卷入芦溪河中，一直被冲漂到芦溪古岗，恰被渡江的楚昭王发现而喜得。

2. 武功山巨型灵芝

2002 年，武功山的村民贺氏兄弟俩，在武功山的原始森林里采药时，发现在一株高大的千年古树（石精树）的树干上，生长着一颗从未见过的巨型药材，他们小心地把它采割下来。经过品尝鉴别，他们认为这是一颗奇特的"巨型蘑菇"，把它献给了萍乡市博物馆。后经中国科学院植物研究所和中国科学院微生物研究所的研究员们的鉴定和化验，这颗奇特的"巨型蘑菇"，不是蘑菇，是一颗当今最大的巨型灵芝，[5]被命名为"中华灵芝王"。

"中华灵芝王"——武功山巨型灵芝形状如下：紫红的，圆鼓的，鲜重 110 kg，直径约 100 cm；入药可食；是真菌药物；对防癌治肿瘤、治心脏病、治糖尿病、保肝解毒、补肾强身等均有奇效；是集天地精华，千年难得一遇的巨型珍贵药材。

3. "萍实"和"中华灵芝王"之比较

在我国古籍药书中，灵芝分为赤芝、黑芝、青芝、白芝、黄芝、紫芝 6 种，生长在阴湿的地上或阴湿的朽木上。[6]宋代唐慎微著的《证类本草》中，赤芝、黑芝、青芝、白芝、黄芝、紫芝归属于第六卷——草部，和水草类药物如菖蒲、泽泻、萍蓬草等编排在一起。[7]所以，灵芝又称灵芝草、芝草、仙草、瑞草。500 年后，明代李时珍著《本草纲目》时，认识到上品六芝和通常的草、通常的水草有本质上的不同，认识到六芝是"菌"，可食，于是，他将赤芝、黑芝、青芝、白芝、黄芝、紫芝从草部中抽出，另辟为芝栭类，移放在菜部中，使六芝离开了草部，去掉了"草"帽，显露出了六芝是"真菌"生物的真面目。李时珍曰："昔四皓采芝，群仙服食，则芝亦菌属可食者，故移入菜部。"[8]可见，李时珍之前的人所说的"草"包括现代人说的旱地草药、水草药物和六芝（灵芝草）。

远在宋朝之前,王肃在其注释的《孔子家语》第一卷《致思》中,将"萍实者也"注释为"萍水草也",[2]所以,"萍实"是"萍水草",但"萍水草"不是有根有茎有叶的常见的草,而是"不根"的真菌类"草",是现代生物学中的真菌生物,是具有萍乡特色的真菌生物。

"中华灵芝王"——武功山巨型灵芝也是现代生物学中的真菌生物,是具有萍乡特色的真菌生物。"萍实"和"中华灵芝王",二者都是真菌生物。

现将"萍实"与"中华灵芝王"的特征特性列表如下。

"萍实"与"中华灵芝王"特征特性对比

特性	"萍实"	"中华灵芝王"
颜色	圆而赤(红色)	紫红色
形状	大如斗,圆而赤	圆鼓形
大小	直径约40 cm	直径约100 cm
硬度	十分结实	顶壳坚实
可食性	可剖而食之	可食,入药可食
食用效果	大美久之(补肾强身奇效)	防癌治肿瘤、治心脏病、治糖尿病、补肾强身等
生物归类	萍水草也(真菌"草")	真菌生物
发现地和发现时间	武功山北麓芦溪河中,公元前505年	武功山原始森林中,2002年
生长地	武功山	武功山
品位、地位	千年难得一遇的吉祥物	千年优质灵芝,中国灵芝冠军,世界罕见

从"萍实"与"中华灵芝王"的特征特性对比表可知,"萍实"和"中华灵芝王"是同一种生物。大圣人孔子说,"萍实"是千年难得一遇的吉祥物,确是如此,2500年后,"萍实"的"弟弟"——中华灵芝王才再次出现,非常难得,非常罕见。因此,我们大胆地推测认定:孔子说的"萍实"就是现代人说的"武功山巨型灵芝"。

参 考 文 献

[1] 刘泽华,杨志玖,王玉哲,等. 中国古代史(上) [M]. 北京:人民出版社,1979:92.

[2] [魏] 王肃. 孔子家语·致思(第一卷) [M]. 古籍线装本版. 清乾隆三十二年(1767年):19.

[3] [明] 冯梦龙. 东周列国志(第二十卷) [M]. 第七十八回,古籍线装本版. 民国十一年(1922年):4.

[4] 黄式国. 萍乡市志 [M]. 北京:方志出版社,1996:49.

[5] 贺莉. 中科院专家认定,"发云界巨菇"是世界罕见中国最大灵芝 [N]. 萍乡日报,2003-11-12(A1).

[6] [魏] 吴普,[清] 孙星衍,[清] 孙冯翼. 神农本草经 [M]. 北京:人民卫生出版社,1963:24.

[7] [宋] 唐慎微. 证类本草 [M]. 景印文渊阁四库全书(740册). 台湾:台湾商务印书馆,1986:214-215.

[8] [明] 李时珍著,陈大为编著. 本草纲目图鉴 [M]. 北京:长征出版社,2009:384.

[作者简介] 黎友源(1940—),男,江西萍乡人,中学高级教师,研究方向:数学思想方法在非数学领域中的应用。

(载于《萍乡高等专科学校学报》,2013年第30卷第2期,第76-78页。)

"萍实"是巨型灵芝的考证

李 勇[1],黎青萍[2],黎 敏[3],黎友源[4]

(1. 萍乡市工业学校,江西 萍乡 337055;
2. 向塘机务段,江西 南昌 330201;
3. 萍乡市教师培训中心,江西 萍乡 337000;
4. 萍乡市教学研究室,江西 萍乡 337000)

摘 要:公元前505年,楚昭王于现今的江西省萍乡市境内渡江时获得一吉祥物——"萍实"。可是在现代生物学和药学中,并无"萍实"一词。"萍实"是何生物,成为千古一谜。近日,经考证发现:"萍实"应该是巨型灵芝。

关键词:"萍实";萍乡;灵芝

中国图书分类号:Q949　　　　**文献标识码**:A

Textual Research on "Pingshi" Is a Giant Ganoderma

Li Yong[1], Li Qingping[2], Li Min[3], Li Youyuan[4]

(1. Pingxiang Industrial School, Jiangxi Pingxiang 337055;
2. Xiangtang Depot, Jiangxi Nanchang 330201;
3. Pingxiang Teachers Training Center, Jiangxi Pingxiang 337000;

4. Pingxiang Teaching Research Office, Jiangxi Pingxiang 337000)

Abstract: In 505 BC, King Chu Zhao got a mascot—"Pingshi" when crossing the river in Jiangxi Pingxiang today. However, no such word as "Pingshi" could be found in the modern biology and pharmacy. What is "Pingshi" remained to be an unfathomable mystery. Recently, we found that the "Pingshi" should be a giant Ganoderma.

Key words: "Pingshi", Pingxiang, Ganoderma

公元前505年，楚昭王渡江时，偶然获得一个江上漂来的野生稀罕物[1]。此物为何？遍问满朝文武却无人知晓，于是，楚昭王派使臣到鲁国请教孔子。孔子辨识后说："此物称萍实，为吉祥之物。"于是，楚昭王获得"萍实"的地方被誉称为"萍实之乡"，简称"萍乡"。"萍实"到底是何生物？至今无人说清过，成了千古一谜。最近，经过考证发现："萍实"应该是巨型灵芝[2]。

按照［魏］王肃在其注释的《孔子家语》第一卷《致思》中的记载："楚昭王渡江，江中有物，大如斗，圆而赤，直触王舟，取之。王大怪之，遍问群臣，莫之能识，王使使聘于鲁，问于孔子。子曰：'此所谓萍实者也（萍水草也），可剖而食之，吉祥也，唯霸者为能获焉'。使者返。王遂食之，大美久之。"[3]其中，"萍实者也"被注释为"萍水草也"。以此解释，"萍实"是作为"草"类。

［明］冯梦龙著的《东周列国志》中第七十八回写道：楚昭王使人询问孔子，渡江所得之物是何物？孔子答使者曰："是名萍实，可剖而食也……"使者又曰："可常得乎？"孔子

曰："萍者，浮泛不根之物，乃结而成实，虽千百年不易得也……"[4] 从这里可以看出，孔子指明了"萍实"是不根之物。由此可以得出"萍实"是不根之"草"的认识。

在宋朝官定药书——唐慎微著的《证类本草》中，灵芝被编排在草部中。该书的草部含有3类药物：旱地草药、水草药和六芝（灵芝）[5]。可见，古人说的"草"包含有根有叶的旱地草、有根有叶的水草和无根的灵芝草。

明代李时珍著《本草纲目》时，已经认识到上品六芝和通常的草、通常的水草有本质上的不同，认识到六芝是"菌"，可食，于是，他将赤芝、黑芝、青芝、白芝、黄芝、紫芝从草部中抽出，另辟为芝栭类，移放在菜部中，使六芝离开了草部，还原了六芝是"真菌"生物的真面目[2]。李时珍说："昔四皓采芝，群仙服食，则芝亦菌属可食者，故移入菜部。"[6]

综上所述，可得出这样的认识："萍实"应该是一种灵芝，而且是巨型灵芝。

主要参考文献

[1] 刘泽华，杨志玖，王玉哲，等. 中国古代史（上）. 北京：人民出版社，1979：92.

[2] 黎友源，李勇，黎敏，等. 试论"萍实"是武功山巨型灵芝. 萍乡高等专科学校学报，2013，30（2），76－78.

[3] [魏] 王肃. 孔子家语·致思（第一卷）. 古籍线装本版. 清乾隆三十二年（1767年）：19.

[4] [明] 冯梦龙. 东周列国志（第二十卷）. 古籍线装本版. 民国十一年（1922年）：4.

[5] [宋] 唐慎微. 证类本草. 景印文渊阁四库全书（740册）. 台湾：台湾商务印书馆，1986：214－215.

[6] [明]李时珍著,陈大为编著. 本草纲目图鉴. 北京:长征出版社,2009:384.

(载于北京《生物学通报》,2014年第49卷第2期,第14页。《生物学通报》是中国科学技术协会主管,中国动物学会、中国植物学会、北京师范大学主办,中国科学院院士郑光美任主编,全国生物学科类核心期刊,中国科协优秀科技期刊。)

如何用数学思想方法破解"萍实"千古谜

李 勇[1]，黎青萍[2]，黎 敏[3]，黎友源[4]

(1. 萍乡市工业学校，江西 萍乡 337055；
2. 向塘机务段，江西 南昌 330201；
3. 萍乡市教师培训中心，江西 萍乡 337000；
4. 萍乡市教学研究室，江西 萍乡 337000)

摘 要：公元前505年，楚昭王在现在的萍乡市境内渡江时获得一个吉祥物——"萍实"，可是，现代的生物学和药学中，没有"萍实"一词。"萍实"是何生物，成了千古一谜。最近，我们发现："萍实"是武功山巨型灵芝，并根据历史实事和文史资料，灵活运用数学思想方法，进行了论证破解。本文介绍我们运用数学思想方法破解"萍实"之谜的过程。

关键词：数学思想方法；"萍实"；萍乡；千古谜；巨型灵芝

中图分类号：G633.6　　　**文献标识码**：A
文章编号：1007-9149(2014)02-0077-02

How to Use Mathematical Methods to Crack the "Pingshi" Unfathomable Mystery

Li Yong[1], Li Qingping[2], Li Min[3], Li Youyuan[4]

(1. Pingxiang Industrial School, Jiangxi Pingxiang 337055;
2. Xiangtang Depot, Jiangxi Nanchang 330201;
3. Pingxiang Teachers Training Center, Jiangxi Pingxiang 337000;
4. Pingxiang Teaching Research Office, Jiangxi Pingxiang 337000)

Abstract: In 505 BC, King Chu Zhao obtained a mascot—"Pingshi" when crossing the river in the territory of Pingxiang City. However, no such word as "Pingshi" could be found in the modern biology and pharmacy. Therefore, what is "Pingshi" remained to be an unfathomable mystery. But recently we found that the "Ping shi" was a giant ganoderma of Wugong Mountain. We expounded and proved it by consulting historical facts and cultural materials in the use of mathematical thoughts and methods. This paper introduces the process of solving the mystery of "Pingshi" by means of mathematical methods.

Key words: mathematical thinking, "Pingshi", Pingxiang, unfathomable mystery, giant Ganoderma

《试论"萍实"是武功山巨型灵芝》《"萍实"是巨型灵芝的考证》分别在《萍乡高等专科学校学报》、北京《生物学通报》上发表了。[1][2] 本文介绍如何运用数学思想方法破解"萍实"千古之谜。

一、运用联想类比思想，发现"萍实"是武功山巨型灵芝

2011年5月，我们在萍乡市博物馆参观时，见到展品"中华灵芝王"，感到十分惊喜，印象十分深刻。"中华灵芝王"——武功山巨型灵芝：紫红的，圆鼓的，鲜重110 kg，直径约100 cm；入药可食；是真菌药物；对防癌治肿瘤、治心脏病、治糖尿病、保肝解毒、补肾强身等均有奇效；是集天地精华，千年难得一遇的巨型珍贵药材。"中华灵芝王"是全国最大、世界罕见的巨型灵芝，是萍乡市土生土长的宝贝。

2011年6月，笔者路过萍乡市北桥桥头，看到花坛中央矗立着一个红色的巨型艺术雕塑，走近一看，雕塑名叫"萍实"。在它的基座上刻有："雕塑'萍实'，说的是春秋战国时期，楚昭王渡江时，江中漂来一物，又红又圆，大小如斗，他遍问满朝文武都无人知晓，于是，派使者到鲁国问孔子，孔子道：此物为萍实，是吉祥物，只有称霸的人才能得到，萍实是集天地精华而成，千年难得一遇，现在楚王得到了它，是楚国将要振兴的征兆。于是，后人便把楚王得到萍实的地方称之为萍乡，即'萍实之乡'。"这就是萍乡地名的由来。然而，"萍实"为何生物？至今没有谁说清过，更没有人拿出"萍实"实物展示给大家看过，成了萍乡市的千古一谜。

"萍实"为何生物？我们脑海里不断地打着问号。"萍实"又红又圆，大小如斗，是吉祥物。突然，我们联想到上个月看到的"中华灵芝王"。"中华灵芝王"——武功山巨型灵芝：

紫红的，圆鼓的，直径约 100 cm；入药可食，是集天地精华，千年难得一遇的巨型珍贵药材，是全国最大、世界罕见的巨型灵芝。细比较，"萍实"和"中华灵芝王"——武功山巨型灵芝两者类似。于是我们大胆猜测联想，"萍实"就是巨型灵芝。楚昭王在萍乡拾到的是一颗巨型灵芝。"萍实"是武功山巨型灵芝。当今的"萍实"就是"中华灵芝王"。

我们提出"萍实"是武功山巨型灵芝的观点后，有人评论："大胆猜想，小心求证。"

二、运用反证反例法，否定关于"萍实"的几种错误说法

［魏］王肃在其注释的《孔子家语》第一卷《致思》中记载："楚昭王渡江，江中有物，大如斗，圆而赤，直触王舟，取之。王大怪之，遍问群臣，莫之能识，王使使聘于鲁，问于孔子。子曰：'此所谓萍实者也（萍水草也），可剖而食之，吉祥也，唯霸者为能获焉。'使者返。王遂食之，大美久之。"[3] 其中"王遂食之，大美久之"即是说，"萍实"有强身补肾功能。

有人说："萍实"是浮萍。又有人说："萍实"是南瓜。但浮萍和南瓜食后均无使人"大美久之"之功能，因此，"萍实"不可能是浮萍和南瓜。

又有人说：武功山的水是流入赣江的，萍乡城的水是流入湘江的，两地水系不同，武功山的水不可能把武功山上的灵芝冲漂到萍乡城里来。

对于这一问题，我们查阅了《萍乡市志》，了解萍乡城的历史变迁。《萍乡市志》记载："［三国］吴宝鼎二年（公元

267年），萍乡置县，县治设于芦溪古岗。""唐武德二年（公元619年），萍乡县治由芦溪古岗迁至凤凰池（今市治所在地）。"[4]这就是说，公元619年之前，萍乡县城建在芦溪河畔的芦溪古岗，公元619年才搬迁到现在的地址（凤凰池）。芦溪河发源于武功山。所以，武功山的水完全可以把武功山上脱落的灵芝冲漂到当年的萍乡城里。所以，公元前"楚昭王渡江获萍实"的故事是发生在现在的芦溪镇境内的芦溪河（古时称宜春江）中。

三、运用逆推法，找出古人"草"概念的外延

为了解灵芝的特征特性，我们查阅了多种版本的《本草纲目》。在［明］李时珍原著、陈大为编著的《本草纲目图鉴》中，我们看到这么一段话：李时珍曰："昔四皓采芝，群仙服食，则芝亦菌属可食者，故移入菜部。"[5]那么，灵芝原来在什么部呢？我们寻找并查阅了李时珍编写《本草纲目》时所用重要参考资料——［宋］唐慎微著的《证类本草》。在《证类本草》中灵芝是编排在草部中的。[6]在《证类本草》中，草部含有旱地草药、水草药和六芝。所以，［明］李时珍《本草纲目》出版之前，古人说的"草"包含有根有叶的旱地草、有根有叶的水草和无根的灵芝草。

四、运用演绎推理法，推证"萍实"是巨型灵芝

［魏］王肃在其注释的《孔子家语》第一卷《致思》中，

把"萍实者也"注释为"萍水草也",[3]即,"萍实"是"萍水草"。

所以,"萍实"是一种"草"。

又,[明]冯梦龙著的《东周列国志》第七十八回写道:楚昭王使人询问孔子,渡江所得之物是何物?孔子答使者曰:"是名萍实,可剖而食也……"使者又曰:"可常得乎?"孔子曰:"萍者,浮泛不根之物,乃结而成实,虽千百年不易得也。"[7]这里,孔子指明了"萍实"是不根之物。

所以,"萍实"是不根的"草"。

又,古人说的"草"包含有根有叶的旱地草、有根有叶的水草和无根的灵芝草。

所以,"萍实"是灵芝草。

又,[明]李时珍著《本草纲目》时,将灵芝从草部移到菜部,除掉了草帽。

所以,灵芝草即是灵芝。

所以,"萍实"是灵芝。

又,[魏]王肃在其注释的《孔子家语》第一卷《致思》中记载,"萍实大如斗"(斗是用来量粮食的器具)。

所以,"萍实"是巨型灵芝。

五、运用同一法,推证"萍实"和"中华灵芝王"是同一种生物

将"萍实"与"中华灵芝王"的特征特性逐项比较知,"萍实"和"中华灵芝王"是同一种生物,是两兄弟。"中华灵芝王"是武功山巨型灵芝,所以,"萍实"也是武功山巨型灵芝。

因为"萍实"是武功山巨型灵芝,萍乡是"萍实"之乡,所以,萍乡是巨型灵芝之乡。

结论:"萍实"是武功山巨型灵芝。萍乡是巨型灵芝之乡。

参 考 文 献

[1] 黎友源,李勇,黎敏,等.试论"萍实"是武功山巨型灵芝[J].萍乡高等专科学校学报,2013,30(2):76-78.
[2] 李勇,黎青萍,黎敏,等."萍实"是巨型灵芝的考证[J].生物学通报,2014,49(2):14.
[3] [魏]王肃.孔子家语·致思(第一卷)[M].古籍线装本版.清乾隆三十二年(1767年):19.
[4] 黄式国.萍乡市志[M].北京:方志出版社,1996:49.
[5] [明]李时珍著,陈大为编著.本草纲目图鉴[M].北京:长征出版社,2009:384.
[6] [宋]唐慎微.证类本草[M].景印文渊阁四库全书(740册).台湾:台湾商务印书馆,1986:214-215.
[7] [明]冯梦龙.东周列国志(第二十卷)[M].古籍线装本版.民国十一年(1922年):4.

(载于《萍乡高等专科学校学报》,2014年第31卷第2期,第77-78页。荣获江西省2013年中学数学教学论文一等奖。)

破解"萍实"千古谜

黎友源

千古遗谜惑萍城,慧眼奇思一闪中。
浩瀚书海觅证据,巧书论文推理通。

萍乡学院发首页,北京一锤定真经。
"萍实"就是巨灵芝,通报五洲喜亦惊。

2014 年 5 月 1 日于萍乡城

(载于《萍乡老科协通讯》,2014 年第 2 期,第 34 页。)

话说"萍实"是何物

黎友源

众所周知,萍乡是"萍实"之乡。"萍实"是何生物呢?众说纷纭。有人说"萍实"是水栗,有人说"萍实"是浮萍,有人说"萍实"是南瓜,还有人说"萍实"是鸡头莲……"萍实"到底是何生物呢?成为千古一谜。现今考证得知,"萍实"应是巨型灵芝。

"萍实"是大圣人孔子命名的,要搞清楚"萍实"是何生物,应从《孔子家语》说起。据《孔子家语》记载:"楚昭王渡江,江中有物,大如斗,圆而赤,直触王舟,取之。王大怪之,遍问群臣,莫之能识,王使使聘于鲁,问于孔子。子曰:'此所谓萍实者也(萍水草也),可剖而食之,吉祥也,唯霸者为能获焉。'使者返。王遂食之,大美久之。"又《东周列国志》记载:"孔子曰:萍者,浮泛不根之物,乃结而成实,虽千百年不易得也。"以上两段古文如实地记录了"萍实"的八大特征特性:一大如斗(斗是用来量粮食的器具,容量为一斗);二圆(圆形的);三赤(红色的);四萍水草也(一种草);五剖而食之(可食);六食之,大美久之(补肾强身奇效);七浮泛不根之物(没有根的生物);八虽千百年不易得也(非常难得之生物)。因此,符合以上八大特征特性的生物才是"萍实"。

既然"萍实"是浮泛不根之物(没有根的生物),所以,水栗、浮萍、南瓜、鸡头莲等有根的生物都不是"萍实"。现经寻找和考证，只有巨型灵芝才具备"萍实"的八大特征特性，巨型灵芝应是"萍实"。就大家参观过的萍乡市博物馆展出的"中华灵芝王"来说，它就具备"萍实"的八大特征特性：一大如斗——它的直径约 1 m，比斗还要大；二圆——它是圆形的；三赤——它是紫红色的；四萍水草也——在宋朝官颁药书《证类本草》中，灵芝编排在草部中，因此，明朝之前，灵芝属草，灵芝称为灵芝草；五剖而食之——灵芝可食；六食之，大美久之——灵芝对防癌治肿瘤、治心脏病、治糖尿病、保肝解毒、补肾强身等均有奇效；七浮泛不根之物——灵芝是菌类，无根；八虽千百年不易得也——"中华灵芝王"是集天地精华，千年难得一遇的巨型珍贵药材。所以，"中华灵芝王"是"萍实"。

在祖国的古籍文史资料和古籍医药宝库中，有确凿的证据可以推证"萍实"是巨型灵芝。试证如下：

因为［魏］《孔子家语》中记载，"萍实"是萍水草，所以，"萍实"是一种草；又［明］《东周列国志》中记载，"萍实"是不根之物，所以，"萍实"是不根的草；又［宋］官颁药书《证类本草》中，灵芝编排在草部中，因而古人说的"草"包含有根有叶的旱地草、有根有叶的水草和无根的灵芝草，所以，"萍实"是灵芝草；又［明］李时珍著《本草纲目》时，将灵芝草从《证类本草》等书的草部移到《本草纲目》的菜部中，直书"灵芝"，灵芝草即是"灵芝"，所以，"萍实"是灵芝；又［魏］《孔子家语》中记载，"萍实"大如斗，所以，"萍实"是巨型灵芝。

以上，从实例上和理论上都考证了"萍实"是巨型灵芝。

（载于《萍乡日报》副刊《赣西都市》报，2016 年 1 月 10 日 B7 版。）

附7 "萍实"千古谜成因分析

李忠军[1],刘宇萱[2]

(1. 萍乡学院,江西 萍乡 337000;
2. 萍乡市芦溪县县机关,江西 萍乡 337000)

摘 要: "萍实"是何生物?2000多年来没有人说清过,成为千古一谜。2013年黎友源等研究破解了"萍实"千古谜,其结论为:"萍实"是巨型灵芝。"萍实"是何生物,为什么2000多年来未被破解呢?其原因:(1)"萍实"被楚昭王吃了,没有物证;(2)萍乡城西迁后,远离了"楚昭王渡江获萍实"的发生地;(3)童谣虚构"萍实甜如蜜";(4)有人对《孔子家语》中"楚昭王渡江获萍实"的记载,做了不完整的引用,或进行了错误的断句;(5)有人对"萍实大如斗"做了错误的注释;(6)古今"草"概念的差异。

关键词: "萍实";千古谜;成因分析

"萍实"是何生物?2000多年来没有人说清过,更没有人拿出"萍实"实物展示给大家看过,成为千古一谜。2013年黎友源等研究破解了"萍实"千古谜,其结论为:"萍实"是巨型灵芝。[1][2][3]本文试对"萍实"千古谜形成的原因进行一些分析。

成因1:"萍实"被楚昭王吃了,没有"萍实"物证,只留下《孔子家语》对楚昭王渡江获"萍实"故事的记载。

公元前505年,楚昭王来到现在的江西萍乡,渡江时,偶然获得一个江上漂来的野生稀罕物。此为何物?他遍问满朝文武,无人知晓,于是,派使臣到鲁国请教孔子。孔子辨识后说:"此物叫萍实,是吉祥物……可剖而食之……唯霸者为能获焉。"于是,楚昭王高兴地将"萍实"吃了。后来,楚昭王派人再去寻找"萍实",没有找到,又派使臣到鲁国请教孔子。孔子说:"萍者,浮泛不根之物,乃结而成实,虽千百年不易得也。"

"萍实"被楚昭王吃了,没有"萍实"的物证了,但《孔子家语》对楚昭王渡江获"萍实"的故事给予了真实记载,为后人寻找、鉴别"萍实"提供了文字依据。其原文为:"楚昭王渡江江中有物大如斗圆而赤直触王舟取之王大怪之遍问群臣莫之能识王使使聘于鲁问于孔子子曰此所谓萍实者也可剖而食之吉祥也唯霸者为能获焉使者返王遂食之大美久之使来以告鲁大夫大夫因子游问夫子何以知其然曰吾昔之郑过乎陈之野闻童谣曰楚王渡江得萍实大如斗赤如日剖而食之甜如蜜此是楚王之应也吾是以知之"。[4]

成因2:[唐]武德二年萍乡城由芦溪古岗西迁到凤凰池,远离了宜春江,远离了"楚昭王渡江获萍实"的发生地,远离了"萍实"的生长地。

"[三国]吴宝鼎二年(公元267年),萍乡置县,县治设于芦溪古岗。""唐武德二年(公元619年),萍乡县治由芦溪古岗迁至凤凰池(今市治所在地)。"[5]远离了宜春江(宜春江在芦溪县境内现名芦溪河),远离了"楚昭王渡江获萍实"的发生地,远离了"萍实"的生长地(武功山)。

时过境迁。后来，有人将"楚昭王渡江获萍实"的故事说成是发生在萍水河中，"萍实"是从杨岐山上冲漂下来的。很多人信以为真，也有人看出了其中的破绽。如：[宋]范成大（即范石湖），他在1173年春（即宋干道九年），在赴任桂州知府（即今桂林）的途中，路过萍乡。他在《骖鸾录》一书中写道："润一月二十六日宿住萍乡。人以此地为楚王得萍实之地，然去大江远，非是。""疑其去大江远。"（见《萍乡古今》第4辑第398页。）

成因3：很多人对《孔子家语》中引用的"萍实童谣"句句坚信不疑，错误地认为"萍实甜如蜜"。

《孔子家语》中引用了一首童谣。童谣曰："楚王渡江得萍实，大如斗，赤如日，剖而食之，甜如蜜。"由于童谣朗朗上口，便于记忆，流传甚广，误为真理，坚信不疑。于是，喜悦于儿童的"甜如蜜"，误解成了"萍实"的一大特性。其实，在《孔子家语》中对"楚昭王渡江获萍实"故事的真实记载的段落中，只有"可剖而食之"，"王遂食之，大美久之"，没有"甜如蜜"。童谣是文艺作品，不免有些虚构和夸张。"萍实甜如蜜"就是童谣虚构之笔。而童谣虚构"萍实甜如蜜"的特性，干扰了人们研究"萍实"上千年。

成因4：有人对《孔子家语》中"楚昭王渡江获萍实"故事的记载，做了不完整的引用，或进行了错误的断句，使对"萍实"的特征特性表述不全面或出现扭曲。

过去，大多数文人引用《孔子家语》中"楚昭王渡江获萍实"故事为："楚昭王渡江，江中有物，大如斗，圆而赤，直触王舟，取之。王大怪之，遍问群臣，莫之能识，王使使聘于鲁，问于孔子。子曰：'此所谓萍实者也，可剖而食之，吉祥也，唯霸者为能获焉'。"删去了"使者返。王遂食之，大美久之",使"楚昭王渡江获萍实"故事陈述不完整,这样,也就删去了"萍实食后使人大美久之"的特性。

还有的文人,在给"楚昭王渡江获萍实"故事加注标点符号时,断句错误:"楚昭王渡江,江中有物,大如斗,圆而赤,直触王舟,取之。王大怪之,遍问群臣,莫之能识,王使使聘于鲁,问于孔子。子曰:'此所谓萍实者也,可剖而食之,吉祥也,唯霸者为能获焉。'使者返。王遂食之,大美。"(见《萍乡古今》第2辑第2页。)把"王遂食之,大美久之"断句成了"王遂食之,大美"。这样,就把"萍实食后使人大美久之"(补肾强身奇效)的特性扭曲为"萍实食之,大美"(即味美好吃)了。

成因5:有人对《孔子家语》中"萍实大如斗"做了错误的注释。

有人把《孔子家语》中"萍实大如斗"的"斗"注释为"古代酒具。史记《项羽本纪》:'玉斗一双,欲与亚父'。"(见《萍乡古今》第2辑第2页。)"斗"是个多义字。除了斗是古代汉族用来喝酒的酒具的解释外,还有,斗是用来量粮食的器具(俗称量谷桶),容量为一斗。量谷的斗有圆台形的,也有方台形的,多用木头制成(直径35 cm左右)。《孔子家语》中"萍实大如斗"的"斗",并非《史记》中用于饮酒的小"斗",而是用来量粮食的大"斗"。

成因6:古今"草"概念的差异,使现代人无法认识"萍水草",也就无法判明"萍实"的真实身份。

[魏]王肃在其注释的《孔子家语》第一卷《致思》中记载:"楚昭王渡江,江中有物,大如斗,圆而赤,直触王舟,取之。王大怪之,遍问群臣,莫之能识,王使使聘于鲁,问于孔子。子曰:'此所谓萍实者也(萍水草也),可剖而食

之，吉祥也，唯霸者为能获焉。'使者返。王遂食之，大美久之。"[4]其中，"萍实者也"被注释为"萍水草也"，即"萍实"是"萍水草"。而"萍水草"是何物？千百年来，人们没有找到"大如斗，圆而赤"，且"不根"[6]的"萍水草"。"世上哪有不根的草？"许多现代人百思不解地问。问题出在何处呢？现今研究得知，问题出在古今"草"概念的差异上。[明]李时珍《本草纲目》出版之前，古人说的"草"包含有根有叶的旱地草、有根有叶的水草和无根的灵芝草。[1][2][3]所以，所谓"萍水草"就是无根的灵芝草。而李时珍著《本草纲目》时，已经认识到无根的灵芝草和通常的草、通常的水草有本质上的不同，认识到灵芝草是"菌"，可食，于是他将灵芝草从《证类本草》等书的草部移到《本草纲目》的菜部中，除掉了草帽，直称"灵芝"。从此，现代"草"的概念中，只包含有根有叶的旱地草和有根有叶的水草了。这就是古今"草"概念的差异。这就是现代人找不到"不根"的草的原因。逆回到古代人的认知环境中去，你就可以找到"不根"的草——灵芝草了。

以上六条是形成"萍实"千古谜的主要原因。

参 考 文 献

[1] 黎友源，李勇，黎敏，等. 试论"萍实"是武功山巨型灵芝［J］. 萍乡高等专科学校学报，2013，30（2）：76-78.

[2] 李勇，黎青萍，黎敏，等. "萍实"是巨型灵芝的考证［J］. 生物学通报，2014，49（2）：14.

[3] 李勇，黎青萍，黎敏，等. 如何用数学思想方法破解"萍实"千古谜［J］. 萍乡高等专科学校学报，2014，31（2）：77-78.

[4] ［魏］王肃. 孔子家语·致思（第一卷）［M］. 古籍线装本版. 清

乾隆三十二年（1767 年）：19.

[5] 黄式国. 萍乡市志 [M]. 北京：方志出版社，1996：49.

[6] [明] 冯梦龙. 东周列国志（第二十卷）[M]. 第七十八回, 古籍线装本版. 民国十一年（1922 年）：4.

第二部分　数学创新应用

科学研究之路

(格言一则)

科学研究之路是曲折艰难的，只有认准目标，不畏劳苦，不怕挫折，用超常的智慧和超常毅力，迂回攀登，才能突破难关，达到光辉的顶点。

江西省萍乡市·黎友源

(载于《新时期中国共产党人优秀格言选集》，北京：红旗出版社，2005年5月版。)

The Road of Scientific Research

(A motto)

The road to scientific research has many twists and turns. Only by aiming accurately, facing the pain and setbacks bravely and climbing the higher mountains with extraordinary wisdom and perseverance, can we break through the difficulties to gain its luminous summits.

Jiangxi province Pingxiang · Li Youyuan

附8 信念·人生·成就

姚以祥

读着黎友源同志入选的格言,我被深深地感动着。我和黎友源同志20世纪50年代末就读于萍乡中学,今天他已成就了自己的事业,完善了自己的人生,于是我读着他的人生格言,崇敬他的人生信念,盛赞他的人生成就,我的心一下子更亮堂了,我的眼睛一下子更明亮了。

科学研究之路是曲折艰难的,只有认准目标,不畏劳苦,不怕挫折,用超常的智慧和超常毅力,迂回攀登,才能突破难关,达到光辉的顶点。

这便是黎友源同志撰写的人生格言,也是黎友源同志的人生信念。正因为黎友源同志有着这种人生的信念,所以他能认准目标,不畏劳苦,不怕挫折,所以他会用超常的智慧和超常的毅力去为之奋斗,终于突破难关,发明了一元高次不等式的公式解法,完成了国家科技成果,成就了自己的人生,达到了光辉的顶点。

一条格言,就是自己做人的准则;一条格言,就是一条通往理想的途径。人,应当凭着自己的准则去生活,去奋斗,去实践,去开创未来;人,应当坚定自己的人生信念,树立自己的崇高理想,并且努力寻求一条通往理想的光明大道;人,应当追求真理,修正错误,寻找光明,冲破黑暗。一言以蔽之,人应当凭着自己的人生信念去做人处世,去开创一片新天地。

(载于姚志祥主编的《神秀大屏山》一书,2005年12月版。)